JN129890

宇宙《そら》を編む

はやぶさに憧れた高校生、宇宙ライターになる

宇宙ライター
井上榛香

小学館

宇宙ライターの地球を駆ける日々

打ち上げを取材したのは、スペースシャトル組み立て棟の屋上。建物の外観はテレビや漫画で見かけたことがある方も多いかも？

打ち上げを見届けたあと、記念に撮っていただいた１枚。フロリダの暑さにやられてバテ気味。

屋上からは大自然を一望できた。湿地帯にはアリゲーターが棲んでいるのだとか。

アメリカ・フロリダにあるNASAのケネディ宇宙センターにて。

若田光一宇宙飛行士らが乗った、クルードラゴン宇宙船 運用5号機（Crew-5）の打ち上げの瞬間。

アストロバイオロジーセンターの正門。表札が珍しい色をしている。

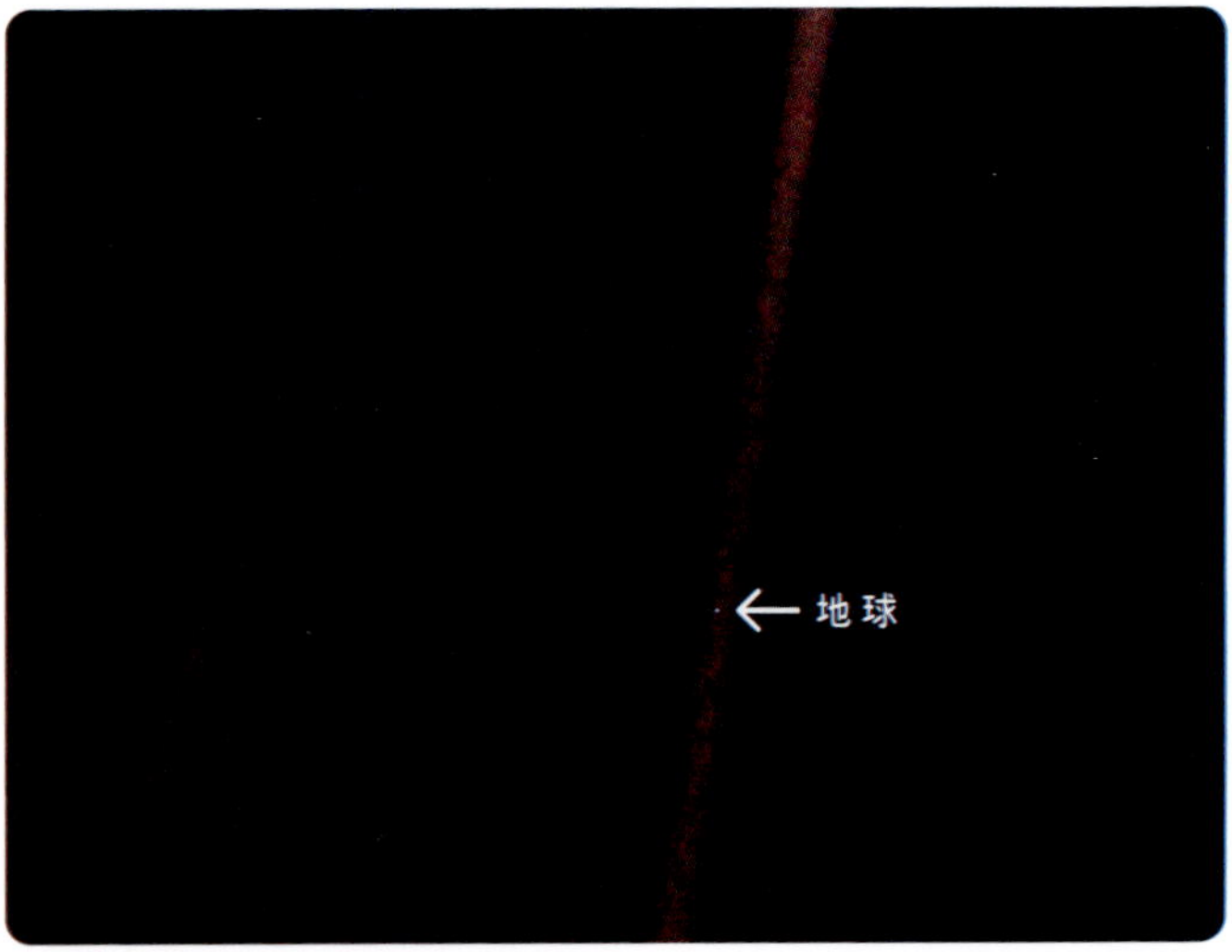

上の表札の色は、ボイジャー1号が約60億キロメートルのかなたから撮影した地球の写真「ペール・ブルー・ドット」から取ったという。©NASA/JPL-Caltech

西日に照らされる、打ち上げ予定日前日のH3ロケット試験機1号機。

白煙が上がり、いよいよ打ち上げ！かと思いきや、この日の打ち上げは中止に。
後日実施された打ち上げは失敗。日本の宇宙業界に暗く、厳しい夜のような時期が訪れた。

1号機の打ち上げ失敗を乗り越えて、試験機2号機の打ち上げへ。フェアリングには飛行再開フライトを表す「RTF」の文字が入っている。

打ち上げ前日、機体を射点へ移動させている様子を取材しているところ。

種子島宇宙センターは「世界一美しいロケット発射場」と呼ばれている。

H3ロケット試験機2号機の打ち上げの瞬間。

宇宙へ向かって、空を駆け抜けていく。

帰り道、打ち上げの成功を祝う「のぼり」が島のあちこちに立っていた。

宇宙を編む

はやぶさに憧れた高校生、宇宙ライターになる

宇宙ライター
井上榛香

小学館

〈はじめに〉

「榛香さんをモデルにしたキャラクターを小説に登場させたいので、よければ取材に協力してもらえませんか？」

ある日、アマチュア小説家の知り合いからこんなメッセージが届いた。私のライフワーク――宇宙開発を専門に取材をして、原稿を書く〝宇宙ライター〟の仕事や大学時代の留学経験に関心を持ってくれたそうだ。しかも、私がモデルのキャラクターは物語の進行に欠かせない重要人物なのだという。自分のことを評価してもらえたようで嬉しい反面、心がヒリヒリする。ロケットや人工衛星、有人宇宙飛行、月面探査、地球外知的生命体まで、宇宙にかかわる様々な出来事やニュースを追いかける毎日は、小説のネタにしてもらえるぐらいユニークな体験らしい。

それなのに当の本人である私が自分の仕事のことを書かないでいるのはなんだか悔しい。ニュースや解説記事だけじゃなく、取材日記を書いてみたら、多くの人に楽しんでもらえるかも。取材先での思い出たちが本になりたがっている。だったら書いてみよう。一念発起した私は、仕事で出版社の編集者に会うたびに「本を出したい」「目次だけでも読んでほしい」と声をかけて回った。編集者は「インフルエンサーでもない一般人のエッセイはちょっと……」と最初は口を揃えて言ったけれど、なんだかんだ熱心に相談に乗ってくださり、話しているうちに「面白くなりそう！」と言ってくれた。こうして、晴れて本書の刊行に漕ぎ着けた。

漠然と宇宙に興味がある人は多いと思う。私もそうだった。小学校の理科の授業で、月について調べて、模造紙に書いたのが楽しくて、もう一生これだけやっていられたらいいのにと思ったことを覚えている。宇宙のことを考えたり、誰かと話したりしているときは夢中になれるし、満たされる感じがする。趣味でもいいから宇宙に携わりたい。大学時代はブログで宇宙開発に関するニュースを紹介していた。

そうしているうちに、「うちでも記事を書いてくれませんか」とＷｅｂメディアや雑誌の編集部、新聞社から依頼が来るようになり、気が付くと宇宙ライターが仕事になっていた。幸運にも、空前の宇宙ビジネスブームが到来していて、ニュースも原稿執筆の依頼も尽きない。宇宙にかかわる仕事に就けるのは、頭がいい人や才能がある人だけかと思っていたが、人生はなるようになるものだ。

とはいえ、野良宇宙ライターの道は険しい。そもそも宇宙開発を取材して原稿を書くには、工学やサイエンスのほか、政治、国際関係、安全保障、歴史、法律、ビジネスなどの知識が求められ、まるで総合格闘技みたいだ。どれだけ勉強しても知らない専門用語や略語が湧いてくるし、赤字の取材旅行に取材の門前払いも日常茶飯事。出版や報道関係者と名刺交換をすれば「宇宙の記事だけで食べていくなんて絶対無理だ」といまだに叱られることもある（ほかの分野のことも勉強しなければならないとは思っている）。それでも、大好きな宇宙を身近に感じられたり、誰かの生活を支えていたりする瞬間に立ち会えると嬉しい。だからこの仕事を辞められない。

本書では、アメリカのケネディ宇宙センターや鹿児島の種子島宇宙センターをはじめとする取材先でのほっこりエピソード、誰かに話したくなる豆知識、取材先での失敗談、思わず泣いてしまったこと、本当にあった怖い話などを、宇宙開発と宇宙ビジネスの現状についての解説を交えながら綴った。笑いながら読んでいただきつつ、宇宙への興味を育てたり、自分らしい働き方を探ったりすることに役立ててもらえたら嬉しい。

宇宙を書く仕事の舞台裏へようこそ。

目次

はじめに……03

第1章　宇宙を書く仕事の舞台裏

・北海道発、牛糞ロケット……12
・宇宙に挑む人びと……17
・炎と轟音の牛糞ロケットエンジン……21
・ペール・ブルー・ドットの表札……26
・はやぶさを追いかけて……30
・「九州のベネチア」は七夕の里……39
・コラム①：私のスーパーカミオカンデ旅行……46

第2章　ロケットには希望を載せて

・舌が宇宙に連れて行く……54
・ウクライナ留学へ……56
・キーウプラネタリウムと不思議なスープ……59
・キリル文字の暗号が解けたら……63
・ロケット開発の父を訪ねて……68
・戦争が始まった日……72
・命がけの避難……75
・宇宙からは国境線は見えない、というけれど……79
・メッセージボトルの行方……83
・平和の象徴が人質に……87
・くじ運の無駄づかい……91
・May The Force Be with Me……94
・ロシア人記者との会話……97

・大地を蹴って宇宙に行く……102
・コラム②：ロケットベンチャー大躍進……106

第3章　夜を越えたその先に

・宇宙業界に伝わる怖い話……114
・打ち上げの成功と失敗……117
・行ってらっしゃい、人工衛星……122
・ほどよし信頼性工学に学ぶ……126
・宇宙船を編む……129
・宇宙旅行に行きたい？……132
・日本人が月に降り立つ日……138
・コラム③：アポロ計画からアルテミス計画へ……146
・日本一の「スナバ」から月面へ……152

・月と花粉症……155
・種子島のコンテナ宿……166
・夜明け前が一番暗い……173
・ロケットを撮る……180
おわりに……184
参考文献一覧……190

第１章
宇宙を書く仕事の舞台裏

北海道発、牛糞ロケット

人生ではじめてロケットの打ち上げを見た日は、よく晴れていた。

夏の北海道の青空を赤いロケットがあっという間に昇っていき、広い空に白い煙だけが残った。

この日、2021年7月31日の取材は、ベンチャー企業・インターステラテクノロジズ（IST）のロケットの打ち上げだ。ISTは2019年5月に民間企業単独では日本初となるロケットの宇宙空間到達を成功させた。打ち上げたのは宇宙空間を飛行し、落下するまでの間に観測や実験を行う「観測ロケット」と呼ばれるタイプの小型のロケットだ。今回は21年7月3日の打ち上げに続く、3回目の打ち上げ成功だった。


ロケットを打ち上げる発射場というと、国内では宇宙航空研究開発機構（JAXA）が管轄する鹿児島県の種子島宇宙センターや内之浦宇宙空間観測所が有名だが、近年は北海道や和歌山県にも射場が建設され、民間企業がロケットを打ち上げている。こうしたロケットが離着陸する場所は「スペースポート」「宇宙港」と呼ばれている。スペースポートは新たな雇用を生み出すことに加えて、観光資源としても期待され、地方創生の呼び水としても注目を集めている。

たとえば「北海道スペースポート」にはＩＳＴの発射場のほか、ロケットや気球の打ち上げなどの航空宇宙実験ができる設備や滑走路などがある。北海道スペースポートがあるのは、とかち帯広空港から車で約40分の大樹町。人口約５３００人ののどかな町だ。北海道十勝地方は「日本最大級の食糧生産基地」とも呼ばれるほど農業や酪農、畜産が盛んだが、大樹町は特に酪農が盛んで、町の人口よりも牛の飼育頭数のほうが多いのだとか。「さけるチーズ」の製造工場もある。そんな大樹町に、新型コロナウイルス感染症が流行する前はＩＳＴのロケットの打ち上げの見学に約５０００人が訪れた。

私は取材のために自宅がある横浜から、打ち上げの前日に大樹町に出張してきた。札幌は何度か訪れたことがあったが、大樹町に来るのはこの日が初めて。空気も、道中で買ったソフトクリームもおいしい。ただ、町内のホテルの駐車場で車から降りるとあることに驚いた。

「なんだか牧場の臭いがする！」

見渡せる範囲に牧場はない。それなのに牧場の臭いがぷんぷんするのだ。一体どうして？　同じホテルに泊まっていた東京から来た年齢が近そうな記者さんとも「牧場の臭いがしますね？」と顔を見合わせた。どうやら私の気のせいではないらしい。

この牧場の臭い問題は、翌日のロケットの打ち上げの後にセッティングされていたインタビュー取材でも話題になった。この日対応してくださったのは、ISTの創業に携わったホリエモンこと堀江貴文さんとISTのエンジニアの方。2人の話を聞くと、臭いの正体は処理されていない家畜の糞尿だとわかった。牛の飼育頭数が多いと、その分排泄物も多く出る。発酵させ、堆肥として畑に撒くことには労力がかかるし、そもそも畑に撒ける量にも限りがある。糞尿の処理は酪農家にとっても悩みの種となっているのだという。

「臭いの原因になっている糞尿から発生するメタンは、発酵させれば臭いを抑えられます。ただ、その設備を設置するのに必要な投資がなかなか集まらなくて。そこで、エア・ウォーター北海道が牛の糞尿からつくった液化バイオメタンをインターステラテクノロジスがロケットの燃料として使うことで、町の臭いの問題も解決しようとしています」

ISTが新たに開発している小型人工衛星の打ち上げロケット「ZERO」の燃料は液化メタンだ。ロケットの燃料は大きく分けて、液体燃料と固体燃料の2種類がある。液体燃料ロケットは液体燃料と酸化剤を混ぜて燃やすことで推力を得るのに対して、固体燃料ロケットは燃料と酸化剤を混ぜた推進剤を直接燃やすことで推力を得る。固体燃料ロケットは構造が比較的シンプルで信頼性が高い。一方、液体燃料ロケットは推力の調整がしやすく、狙った軌道に衛星を届けられるというメリットがある。ISTの「ZERO」は液体燃料の液化メタンを採用している。従来は水素やケロシンが多く使われていたが、近年はメタンがロケットの小型化や再使用に向いていることから世界的に注目されている。

しかし、ロケットの燃料として使える液化メタンを日本で手に入れることは難しい。液化メタンのもととなる液化天然ガス（LNG）にメタン以外の不純物が多く含まれていると、エンジンの燃焼効率が下がってしまうため、一般的なものよりも高純度のLNGが必要になる。再液化して純度を上げたメタンガスを大樹町で使うには、都内のガス会社から購入して、専用の船で北海道まで運搬しなくてはならず、コスト高になってしまう。そこでＩＳＴは大樹町の牧場の牛糞から生成する液化メタンを買い取ることにしたのだ。ＩＳＴは質の良い燃料を安く手に入れられるし、大樹町の牧場は家畜の糞尿を発酵させる設備を整えられて、町の悪臭問題も解決できる。みんながハッピーになれる名案だ。

この話をほかのメディアが取り上げる前に私の手で記事にしたい。ロケットの打ち上げのレポート記事とは別建てで記事を公開できるように、記事を掲載させてもらえそうなＷｅｂメディアの編集者に相談した。大樹町から横浜に帰るとすぐに、大樹町の牧場の糞尿から液化バイオメタンを精製してロケットの燃料にするアイデアを最初に考案したロケット開発ベンチャーのSPACE WALKER（スペースウォーカー）、燃料の精製を担当する産業ガスメーカーのエア・ウォーター、大樹町役場への取材を取り付け、構想の事実関係を調べるとともに、町からの期待感や課題をまとめた。

記事がＷｅｂメディアに掲載されると、ＳＮＳを中心に瞬く間に拡散されていった。宇宙やロケットには根強いファンがいる。ファンは最新の情報を追っているが、そうではなく宇宙にそれほど興味がない層にも記事が届いたことに手応えを感じた。今でも名刺交換をすると、「井上さんってもしかして、牛糞ロケットの記事を書かれた方ですか？」と言ってもらえることがあり、私のなかではちょっとした代表作になっている。

ロケットの打ち上げが成功したかどうかを知るには、通信社や新聞社の速報で十分だし、最近はYouTubeで打ち上げの様子だってリアルタイムで見られる。だからこそ、現地で取材した自分ならではの視点で、宇宙開発の今を伝えられるようになりたいと思う。

宇宙に挑む人びと

「え、ホリエモンと喋ったことあるん？　どうやった？」

友人と近況報告会をしているとよく聞かれるのが、この質問だ。もちろん取材で知った未発表の情報を漏らすようなことは絶対にしないが、堀江さんの話になると素敵な人柄をわかってほしくて、つい熱くなってしまう。

正直に言うと、堀江さんに直接お会いする前は怖い印象があった。取材中に怒鳴られたらどうしようと心配もしていた。実際は少しぶっきらぼうな話し方をするが、面白いと思ったことをとことん追求する、熱意に溢れた人だという印象を受けた。懇親会でお会いすると、私が次に取材をお願いしようと思っている宇宙スタートアップ関係者に挨拶できたかどうかも気にかけてくださっていた。

そんな堀江さんはＩＳＴに出資だけをしているわけではなく、初期はロビー活動や外部からの資金調達などにも携わっていた。もともとは堀江さんらが手弁当でロケット開発を進めてきたこともあってか、ＩＳＴの記事を書くと、編集者がタイトルに「ホリエモンロケット」と勝手に付けて公開してしまうこともあった。それも今では昔のはなし。ものづくりのプロフェッショナルたちが集まって、ロケットの開発が着々と進み、すご腕のビジネスパーソンたちも集まって、ＩＳＴはメンバー数２００人規模の企業へと成長した。海外の業界関係者と情報交換をしていると、少し前は「Ｈ－ⅡＡロケット」と「Ｈ３ロケット」くらいしか名前が出てこなかったけれど、今はＩＳＴの社名が挙がる。ＩＳＴのロケットは、人工衛星を宇宙に運ぶ輸送手段であり、近い未来の生活を支えるインフラとして期待される「みんなのロケット」になった。

私が普段書いている記事はいくつかの種類に分けられる。一番多いのはWebメディアや雑誌などに寄稿するニュース記事だ。記者会見に参加したり、牛糞ロケットの記事のようにどこかに取材に出かけたりして記事を書く。宇宙機関や宇宙企業が出すニュースリリースをもとに記事を書くこともある。わずか500文字で要点を絞ってまとめるときもあれば、5000字以上かけて出来事の背景から今後のトレンド予想までを詳細に解説することもある。

次に多いのはインタビュー記事だ。Webメディアや雑誌の企画で書くこともあれば、宇宙企業から依頼を受けて会社のブログや人材採用ページに掲載する記事を書くこともある（特定の宇宙企業と利害関係があると公平性を保てなくなる恐れがあるため、宇宙企業から仕事の発注を受けた際は一定期間、その企業についてのニュース記事を書くのをストップしている）。基本的にはインタビュー取材で聞いたことを記事としてまとめるが、ニュース記事よりも簡単かといえばそういうわけでもない。特に企業の社長やプロジェクトを率いるリーダーは取材慣れしていて、なかにはいつも話す「鉄板エピソード」を持っている人もいる。限られた時間で鉄板を取り払い、さらに深いところまで入り込んでいく必要があるから難しい。

ニュース記事とインタビュー記事は私にとってはご飯とおかずのようなものだ。どちらか一方ばかりを書いていると行き詰まる。両方をバランス良く書き続けることで、宇宙業界への理解が進み、より良い記事が書けるようになると思う。

これまでに書いた宇宙の記事は、ニュース記事とインタビュー記事を合わせて1000本以上。数えてはいないが、個別に話を聞いた宇宙関係者は100人以上に上る。宇宙にかかわる仕事に就いた理由を聞くと、多くの人が子どもの頃から宇宙が好きだったからと答える。宇宙に興味を持ったきっかけは、子どもの頃に読んだ図鑑だったり、映画だったり、ハレー彗星や火星の接近などの天文現象、宇宙飛行士が活躍する姿をテレビで見たことなど様々。仕事で何か壁にぶつかっても、「宇宙が好きだから乗り越えられる」と多くの人が口にする。当の私もそうなのだが、この状況には少し危機感を覚えるようになった。

宇宙産業が広がっていくなかで、航空宇宙以外の専門を持った人材も求められるようになっている。宇宙が好きな人ばかりでは化学反応は起きない。宇宙への興味・関心はそこそこだけど、「儲けたい」「スケールの大きい仕事がしたい」とか、そんな思いを持った人が異業種からでも気軽に入って来られる業界になったらいいと思う。

炎と轟音の牛糞ロケットエンジン

牛糞ロケットの記事を公開してから2年が経った２０２３年12月、北海道スペースポートを運営するスペースコタンから、ＩＳＴが牛の糞尿由来の燃料を使ったロケットエンジンの燃焼試験を報道向けに公開するという案内が届いた。牛糞由来の燃料による燃焼試験は世界で初めて。さらに、牛糞を提供している牧場と液化バイオメタンを精製するプラントも取材できるという。これはなんとしても取材したい。私は早速取材を申し込み、３日間の大樹町出張が決まった。羽田空港からとかち帯広空港に飛び、そこから車で大樹町に向かった。ホテルに到着して、車から降りるとやっぱり牧場の臭いが漂っていた。

翌日は朝から、関連施設を見学して回った。インパクトが大きかったのは、牛糞を提供している牧場の見学だ。この日見学させて頂いた牧場は乳牛を約９００頭飼育していて、そのうちの半分にあたる約４５０頭の乳牛の糞尿を回収して、発生するガスを提供している。牛舎には巨大ちりとりのような装置があり、床に落ちている牛の糞尿を1日に数回自動で回収する。牛の糞尿は管を通って牛舎の外にある機械に集められて、発酵させる仕組みだ。

装置を使って、牛の糞尿から発生させたガスは、専用のトラックで帯広にあるプラントに運ばれていく。ガス中のメタンと二酸化炭素を分離した後、液体窒素を使ってマイナス160℃くらいにまで冷やし、気体のメタンを液化させると、ロケットの燃料が出来上がるという流れだ。ただでさえ寒い12月の北海道で、液体窒素の話を聞くと、さらに寒く感じるような気がした。

最終日は、ついにISTのロケットエンジンの燃焼試験の取材だ。まずは試験の設備がある北海道スペースポートに向かい、説明を受けた。エンジンはロケットの信頼性とコストにかかわる一番重要なパーツだ。今回の燃焼試験は、そんなエンジンの燃焼器と呼ばれる部品を10秒間稼働させてみるというものだった。

取材ができるのは2カ所。試験の様子をモニタリングする指令所か、安全のために試験場から数キロ離れた地点のどちらか、好きなほうを選ぶことができた。ISTのスタッフ

エンジンの燃焼器単体試験の様子。バイオメタンによる燃焼試験実施を発表しているのは世界2例目、民間企業としては初となった。©インターステラテクノロジズ

によると、試験場の近くで試験の様子を目視できるかどうかは、天候などによって変わるそうだ。記事に使う情報や写真の撮れ高を考えれば、指令所で取材したほうがいいに決まっている。とはいえ、エンジンの炎を肉眼で見られるなら見てみたいし、燃焼試験のときにどれほどの音が鳴るのかも聞いてみたい。

実際のロケットの打ち上げでは、より遠く離れた場所から取材するため、こんなに近くでロケット関連の取材ができるチャンスは滅多にない。撮れ高がなかったらどうしようという懸念よりも、間近で取材したい気持ちが勝ち、試験場での取材に参加することを決めた。

数十人いた報道陣のうち、試験場での取材を選んだのは数人だった。私たちのほかには警備員とISTの従業員だけ。万が一事故が起きた場合もすぐに待避できるように人数を絞っているそうだ。私もヘルメットをかぶって取材に臨んだ。試験設備がある建物は見えるが、燃焼器は隠れて見えなかった。果たしてどうなるのか。試験開始15秒前になるとISTのスタッフが数字を読み上げ、カウントダウンが始まった。

「15、14、13、12、11、10、9、8、7、6、5」

各社が撮影する映像に声が入ってはいけないので、読み上げられるのは5秒前まで。続きは心のなかでカウントした。

「ゴォー!」

試験が始まるタイミングはわかっていたはずなのに、思わず身体がビクッとしてしまうほどの轟音が響いた。その数秒後には、炎が生きているみたいに噴き上がった。その姿はカメラでもしっかり捉えられていた。ＩＳＴが開発した新型ロケットにはエンジンが10基搭載される。つまり、実際の打ち上げでは、私が聞いた音のおよそ10倍の音がこの場所に響くことになる。重力に逆らって宇宙に人工衛星を運ぶのには、こんなに大きなエネルギーが必要なのだと体感できたように思えた。

帰りの飛行機のなかで早速取材した情報の整理に取り掛かり、翌日の夕方に雑誌の編集部に原稿を送った。原稿は650字という限られた文字数だったが、牛糞から作った燃料はもちろんのこと、燃焼試験の音についても書いた。ロケット開発のダイナミックさも伝えたいと思ったからだ。ＩＳＴの新型ロケット「ＺＥＲＯ」の初打ち上げは2025年度に発射場が完成し次第、早期に行われる計画だという。そのときもまた宇宙ライターとして取材に来たい。

ペール・ブルー・ドットの表札

牛糞ロケットの記事は車から降りたときに感じた臭いがきっかけで取材が始まったように、一歩踏み込んだ内容の記事を書くための鍵は、インタビューの時間以外のところに落ちていることが案外多い。小中学向けの月刊誌『子供の科学』（誠文堂新光社）の特集記事を書くために、宇宙生命体の研究をしている自然科学研究機構「アストロバイオロジーセンター」を取材したときもそうだった。

アストロバイオロジーとは、アストロノミー（天文学）とバイオロジー（生物学）から作られた造語で、生命の起源・進化・分布・未来について研究する学問のことだ。まるでSF映画の世界の話のようだと思えるかもしれないけれど、かつて火星にいたかもしれない生命の証拠を見つける方法を検討したり、太陽系外にある第2の地球を探して、詳しく調べたりする取り組みが実際に行われている。そんなアストロバイオロジーの研究に特化した研究機関・アストロバイオロジーセンターの拠点が、東京都三鷹市の国立天文台と愛知県岡崎市の基礎生物研究所に併設されており、約20名の研究者が所属している。

取材の当日、集合場所になっていた国立天文台の入り口に立つと違和感を覚えた。「アストロバイオロジーセンター」と書かれた表札の水色がなんだか眩しい。横には薄紫色っぽい「国立天文台」の表札と緑色の「天文学教育研究センター」の表札があるが、それとは明らかに違う目立ち方をしていた。アストロバイオロジーセンターは２０１５年に設立された、比較的新しい研究機関だ。表札が新しくて、まだきれいだから目立って見えるのだろうか。それにしても、こんな鮮やかな色は表札には選ばないような気がする。どうしてこんな色をしているんだろう。表札を写真に撮っておくことにした。

表札の水色の正体は、アストロバイオロジーセンター長の田村元秀教授へのインタビューでわかった。田村教授にアストロバイオロジーの研究がどんな経緯で盛んになってきたのかを聞くと、「ペール・ブルー・ドット（＝淡く青い点）」という1枚の写真の話になった。これは、木星よりも遠くにある天体を調べるためにＮＡＳＡが打ち上げた探査機「ボイジャー1号」が撮った写真のこと。よく見ると、暗い宇宙の真ん中あたりに、1ピクセルにも満たない、微かな点が浮かんでいる。見逃してしまいそうなほど小さなこの点は、ボイジャー1号が約60億キロメートルも離れた地点から撮った地球の姿だ。

ペール・ブルー・ドットが撮影された1990年は、第2の地球の発見どころか、まだ太陽系外に惑星があるという証拠すらも掴めていなかった。しかし、太陽系外にも惑星があれば、いつかその姿を写真で撮れるようになり、その惑星に生命がいるかどうかを議論できるようになるだろう。ペール・ブルー・ドットを見た研究者たちはイメージを膨らませ、研究意欲を掻き立てられたのだという。アストロバイオロジー史において、ペール・ブルー・ドットの撮影は象徴的な出来事となった。

田村教授の話を聞きながら、ふと入り口の表札の色を思い出した。

「もしかして入り口の水色の表札は……」

「ペール・ブルー・ドットの色です」

つまり、あの表札の色は、アストロバイオロジーの研究者たちがペール・ブルー・ドットを見たときの感動を伝えていたわけだ。あんなに目立って見えたのも納得できた。

それに、地球の色とは知らなくても思わず立ち止まってしまうほど、特別な雰囲気を感じられたこともなんだか地球人らしくていいなと思えた。なお、出来上がったばかりの頃の表札の色は、田村教授が想像していたよりも少し薄かったのだとか。雨を浴びたり、風にあたったりしながら、時間とともに黒みを帯びて、いつかよりペール・ブルー・ドット色に近づいていったらいいと思っているそうだ。

余談だが、このときのアストロバイオロジーセンターでの取材では、アストロバイオロジーの基礎から最新の研究まで、雑誌の特集では収まりきれないほど多くの話を聞くことができた。原稿に加筆して児童書『探そう！　宇宙生命体：地球以外にも生き物はいる⁉』（誠文堂新光社）として2025年1月に刊行することになった。

宇宙生命体はまだ見つかっていない。今は液体の水や酸素など、宇宙で生命が存在していると言える証拠「バイオシグニチャー」を探している段階だ。早ければ2030年代にもバイオシグニチャーが発見されるのではないかと言われている。生きているうちに宇宙生命体発見のニュースを聞くのも夢じゃなさそうだ。

はやぶさを追いかけて

大人になったら宇宙にかかわる仕事に就こう。そう決めたのは２０１０年、高校1年生のときだった。ＪＡＸＡの探査機「はやぶさ」が、地球から約3億キロメートル離れた小惑星「イトカワ」の砂を持ち帰り、地球に届けてくれたことを朝のニュース番組で見たことがきっかけだった。

小学校や中学校の理科の授業で宇宙のことを勉強してから、なんとなくずっと宇宙には興味があった。だからはやぶさのこともどこかで見聞きして知っていた。ただ、はやぶさが小惑星の砂を持ち帰る「サンプルリターン」は世界でまだ誰も、ＮＡＳＡすらもやったことがないミッションだった。おまけに、途中でエンジンや機体の姿勢をコントロールするための装置が故障したり、燃料漏れが起きたり、通信が途切れてしまい広い宇宙で迷子になったり……。とにかく、トラブル続きだった。宇宙探査ってこんなに大変で、難しいんだ。そう思っていた。

けれど、ニュースを見て、あのはやぶさが本当に地球に帰ってきて、しかも小惑星の砂

小惑星探査機「はやぶさ」のイメージ画像。はやぶさは将来の宇宙探査に必要な技術を実証するための探査機。©JAXA

が入ったカプセルを届けてくれたことを知ると、こんなに難しいミッションを成功させられたのだから、これからは宇宙開発や探査がどんどん進んでいくに違いないとワクワクした。

高校を卒業したら、大学に進学して何か宇宙にかかわる勉強がしたい。宇宙といえば、惑星や小惑星だろうか。将来はできればＪＡＸＡで働いて、宇宙に携われたらいいいな。高校1年生の文理選択では迷わず理系を選んだ。しかし私は数学があまり得意ではなかったし、好きだったはずの化学も、先生がいつも大声で怒ってばかりなのが怖くてだんだん苦手だと感じるようになっていった。

そんなとき、ＪＡＸＡの職員が日本各地をまわるタウンミーティング（２０１８年に終了）が地元・福岡県小郡市から近い佐賀県鳥栖市で開催されることを知った。こんな田舎でＪＡＸＡ職員の話を直接聞けるチャンスはもうないかもしれない。絶対に参加しなきゃ。そう思いながらも、当時高校２年生だった私は参加の申し込みのメールを送ることにさえも戸惑った。家族と友達と部活の先輩・後輩以外にメールを送ったことなんてなかったからだ。申し込み完了の返信が来たときは少し感動した。それに、一人で県外に出かけるのは人生ではじめてだった。鳥栖市は福岡県と佐賀県の県境に位置していて、家から比較的近くにある。とはいえ、いつも通学で使っている電車とは違う路線に乗るのは不安だ。間違えれば熊本か鹿児島の知らない街まで連れて行かれてしまうかもしれない。ちょっとした冒険みたいだった。ドキドキしながら会場に向かったことを覚えている。

タウンミーティングでは、当時はＪＡＸＡ理事を務めていた遠藤守さんがロケットについて、電波天文学と星間物理学が専門の研究者の阪本成一さんが宇宙探査と天文学について講演した。普段の講演会やシンポジウムよりも登壇者と参加者の距離が近く、質問をしたり、意見を伝えたりできる時間もあるのがタウンミーティングの特徴だ。参加者は大人がほとんど。イベントの最中は緊張してしまい、私はせっかく前のほうの席に座ったのに、大勢の前で質問することはできなかった。でも、ほかの高校生が手を挙げた。「文系でもＪＡＸＡで働けますか？」これに対して、遠藤さんと阪本さんは「宇宙法」という宇宙にかかわる法律があることを挙げて、いわゆる文系分野の知識を持つ人もＪＡＸＡで働いていること、ＪＡＸＡにこだわらなくても自分の専門分野を究めれば宇宙の仕事ができることを説明した。

宇宙にかかわる仕事は研究者やエンジニアだけのものではないらしい。それに宇宙法って面白そう。新しい道が開けたような気持ちだった。なお、私はこのときに知った宇宙法を詳しく勉強するために、大学は法学部を選んだ。

宇宙にかかわる仕事をしている人に直接話を聞ける機会なんて滅多にない。イベントが終わったあと、遠藤さんや阪本さん、ほかのＪＡＸＡの職員さんのところへ駆け寄って、控え室に戻ってしまう前に思い切って「ＪＡＸＡの仕事は楽しいですか？」と声をかけた。こんなにしょうもない質問をしてしまってごめんなさい。そう思いながら質問したけれど、ＪＡＸＡの職員さんはとても親切だった。話をした方は、ＪＡＸＡの活動を発信する広報の仕事をしていることを教えてくれた。どんな話を聞いたかは忘れてしまったけれど、すごく楽しそうだと感じたことは覚えている。最後に遠藤さんは、私のスクラップブックにサインペンで「空へ挑み、宇宙を拓く」と書いてくださった。これは当時のJAXAのコーポレートメッセージで、航空宇宙というフロンティアに挑戦することを通じて、社会と人類の可能性を開拓するという決意が込められている。宇宙の仕事をしている大人はかっこいい！

それに理系科目が苦手だからといって、宇宙を諦めなくてもいい。そうわかると、宇宙への興味がもっと湧いてきた。

2012年3月、はやぶさの帰還から1年9カ月後。高校の近くの福岡県青少年科学館ではやぶさが持ち帰ってきたカプセルが展示されることになった。カプセルは2010年7月から全国各地の科学館や博物館などで巡回展示されていた。わざわざ関東まで行かなくても、近場でカプセルが見られるなんてラッキーだ。5日間の展示期間のあいだに2回もカプセルを見に行った。ただ、期間中に開催されたはやぶさのプロジェクトマネージャーの川口淳一郎さんの講演会は、申し込もうとしたときにはもう満員で受付が終わっていた。もううろ覚えだが、申し込みが始まってからあっという間に満員になってしまっていたような気がする。私の高校では携帯電話を使うことが禁止されていたが、休み時間にトイレに隠れてこっそり携帯でインターネットを開いて申し込めば間に合ったかもしれなかったのにと悔やんだ。

「川口さんの講演会ではどんな話があったんですか？」

青少年科学館のカプセルの展示会場にいたスタッフの男性に尋ねてみた。タウンミーティングでＪＡＸＡの皆さんに思い切って声をかけたことで自信がつき、一人でもビビらずに質問できるようになっていた。男性は「少し待っていて」と言ってその場を離れ、１枚の紙を持ってきてくれた。それは川口さんの講演会のメモのコピーだった。誰かに見せることを想定して書かれたメモではなさそうだったけれど、講演の内容を知るには十分だった。文章はすごい。その場にいなくても、そこで起きていたことを伝えられるんだ。文章は偉大だ。

私は文章を書くことが得意だとは思わない。クラスメイトが書いた作文を読むたびに、私にはそんな表現は書けないなと感心するばかりだった。ただ、文章を書くことに対して、漠然といい印象を持っていた。

小学生の頃、私は地元の小さな児童劇団に入っていた。講師はお芝居の経験がある大人たちがボランティアでやっていた。台本を書いていた先生が県外に転勤することになったとき、身の程知らずの私は「私が代わりに書いちゃろう！」と思い立ち、まずは練習がてら小説を書いてみることにした。実家のパソコンにはWordが入っていなかったため、400字詰めの原稿用紙100枚分を手書きした。4万字を手書きするなんて狂気じみている。今はとてもできる気がしない。でも当時は全く苦ではなかった。どちらかといえば、わからない言葉を調べるために分厚い国語辞典を毎日学校から持ち帰ることのほうが重たくて大変だった。書き上がったら、小説大賞に応募した。もしも私に文章を書く才能があったら、賞をとって作家としてデビューをしていただろう。私の小説は一番いいときでも第3次選考までしか進まず、入選することはなかった。

しかし、出版社の編集者から手紙と本が送られてきたことがある。4万字手書きする小学生の気合いと根性を買ってくださったのだろう。本の専門家が私のために本を選んで贈ってくれたことが嬉しかった。私にとってはトロフィーよりも眩しかった。勉強も運動もパッとしない自分でも、書き続ければ、その文章がどこか遠く知らない世界に連れて行ってくれるような気がした。結局台本を書くことはなかったし、中学に入ると、部活で忙しくなり、小説を書くことはやめてしまったが、いつかパソコンにWordをインストールできたら、また何か書いてみようとは思っていた。そういうこともあって、宇宙と文章を書くことを組み合わせた「宇宙を書く」仕事ができればきっと楽しいだろうと考えた。

宇宙を書く仕事といえば、真っ先に新聞記者が思い浮かんだ。はやぶさのカプセルの帰還をオーストラリアの砂漠で取材した記者に憧れて、大学時代に大手新聞社の採用説明会をまわった。ところが、どこでも言われることは同じ。新聞社に入社したら、最初はだいたい警察を取材して事件や事故を記事にする「サツ回り」を任せられるらしい。確かにサツ回りをしていたら、取材力も原稿を書く力もつきそうだし、いい修行になるかもしれない。けれど、サツ回りで頑張っても、必ずしも希望の部署に配属されるとは限らず、もしかしたら宇宙の取材は一生できないままかもしれないとまで言われた。

「それでもいいですか？」

「いや、ダメです……」

根性なしの私は、新聞社の採用試験を受ける前に挫折してしまった。今考えれば、科学雑誌を刊行している出版社を目指せばよかったと思う。当時の私は、それなら宇宙の記事を書くのは趣味でいいやとすんなり諦めた。ブログを作って、海外で起きた宇宙のニュースを日本語で紹介する記事を書くことにした。

すると、Ｗｅｂメディアや出版社から「ぜひうちでも記事を書いてください」と依頼が来るようになった。大学で宇宙法と国際関係をかじっていたことで、ほかのライターと差別化を図れたのだと思う。私がライターになれたのは、タウンミーティングで遠藤さんと阪本さんが宇宙法を、そして青少年科学館のスタッフの方が文章のすごさを教えてくださったおかげだ。３人に出会わせてくれたはやぶさのおかげでもある。

大学卒業後は宇宙とはあまり関係がないコンサルティング会社で会社員をしながら、副業で記事を書いていた。入社から2年経った頃には宇宙ライターの仕事が忙しくなってきたため、会社をやめて専業の宇宙ライターになった。

レギュラーでやっているのは、取材して書いたニュース記事や解説記事をＷｅｂメディア、雑誌、新聞に寄稿したり、掲載する宇宙のニュースのネタを集めて選んで決めたりする仕事など。宇宙がテーマのテレビ番組でどんな内容を取り上げるかを企画する仕事や、将来の宇宙開発はどうなっているかを想像して展示作品やゲームを作る仕事なんかもたまにやらせていただいている。高校時代に「宇宙の仕事がしたい」と思ったときは、まさか自分がフリーランスの宇宙ライターになるなんて想像もしていなかったけれど、自分の性格に合っているし、何にでも挑戦できて楽しい。それに、私が書いた記事を読んで大学で宇宙の勉強をしてみようと思ったとか、会社で宇宙の新規事業を立ち上げるときに私の記事を上司に見せて説得したとか、そういうありがたい声（お世辞かもしれないけれど、素直に受け取ることにしている）を聞くことも増えてきた。わずかながら、たぶん1ミリにも満たないくらい少しだけれど、宇宙開発に貢献できているような手応えも感じている。

「九州のベネチア」は七夕の里

取材でイタリア・ミラノへ出張に行くつもりだった。海外出張に行くならやっぱり観光もしたい。ミラノと言えば、レオナルド・ダ・ヴィンチの『最後の晩餐』は見ておきたいし、有名な大聖堂と広場にも行きたい。その前に水の都・ベネチアに立ち寄る計画も立てた。ゴンドラに乗ってベネチアの運河を巡れたら最高だ。観光ガイドブックも購入し、インスタグラムで毎日のように「ベネチア」と検索しては、映えている写真をブックマークする。もはや本命の取材よりもベネチア観光が楽しみになっていた。

しかし直前に仕事のスケジュールが大幅に変更となり、イタリア出張ごと泣く泣く諦めることとなった。落ち込む私を両親は「小郡は九州のベネチアやけん……」と慰めた。

私の地元は福岡県南部、佐賀県との県境にある小郡市。福岡出身でも知らない人がいるほどの田舎だったが、数年の間に知名度が上がった。またの名を「九州のベネチア」。その理由は田んぼのど真ん中にある、市内唯一の大型ショッピングモールが梅雨の豪雨のたびに水没するため、「今年は耐えきれるか？」と注目されるようになったのだ。開業わずか10年で3回も水没し（いずれも人的被害はなし）、九州のベネチアと呼ばれるようになった。ショッピングモールも黙ってはいられない。もう浸水させまいと、敷地を私の背よりも高い土手と防水板で囲むと、今度は「小郡要塞化」といじられている。

そんな小郡市に私が引っ越してきたのは、小学3年生、8歳のときだった。引っ越しの当日新居で、デカくて足がたくさん生えている虫（後にムカデだとわかった）に遭遇したときはショックを受けた。前の家には不気味な虫はいなかった。こんな虫が生息している田舎に住むなんて嫌だと本気で思った。おまけに小学校の給食の献立には華やかなメニューがない。前の学校の給食にはあったエビフライやデザートのケーキはいつになったら出てくるのかと待っていたけれど、１年が経っても出てこないまま。牛乳瓶の蓋を集めてめんこ遊びをするクラスメイトたちを横目で見て、牛乳瓶なんて昭和時代みたいだし、前の学校のストロー付きの紙パック牛乳のほうが飲みやすくてよかったのになとため息をついた。

ただ、小郡市にはいいところもあった。学校においてあるトイレットペーパーの包装紙には「たなばたロール」、ティッシュ箱には「おりひめティッシュ」の文字が印刷され、織姫と彦星の絵も添えられている。幼い頃から宇宙に漠然とした興味があった私はそれを見て、「宇宙っぽいものがある！」と喜んだ。

なぜトイレットペーパーとティッシュにそんな名前がついているのか。その由来は、平安時代にまで遡る。平安時代に編纂された律令の施行細則である『延喜式』には、かつて小郡市を含む筑後国はお米と織物を献上品として朝廷に納めていたことが書かれていることから、機織りが盛んだったと考えられている。機織り産業に携わっていた人々が信仰していた儀式と中国から渡ってきた七夕《しちゆう》が混ざり、七夕伝説が浸透していったそうだ。さらに、市内を筑後川の支流・宝満川をはさんで織姫をまつる神社と彦星をまつる神社があるのが、天の川に隔てられた織姫と彦星の物語のようであることから、小郡市には「七夕の里」というキャッチコピーがついている。そういうわけで、市が住民から回収した古紙をリサイクルして作ったトイレットペーパーは「たなばたロール」、ティッシュは「おりひめティッシュ」と名付けて販売されている。

「七夕の里」ブランディングは、もちろんトイレットペーパーとティッシュ販売だけではない。市内のあちらこちらに七夕伝説をモチーフとしたモニュメントや装飾があり、中心部にある七夕会館には天体ドームが併設されている。小学5年生から中学1年生まで入っていた児童劇団のお稽古で七夕会館に通った。休憩時間にたまに天体ドームの望遠鏡で星を見せてもらえた。背伸びをして望遠鏡から覗いた星が何だったのかはもう忘れてしまったけれど、目に飛び込んでくる光の眩しさは今でも覚えている。図鑑でしか見たことがなかった星を、自分の目で見られたことに感動した。次に並んでいた人に望遠鏡を譲っても、お稽古に戻らずに望遠鏡待ちの列にこっそりもう一度並んだ。

子どもの頃は性別に関係なく宇宙に興味を持っている子が多いが、中学、高校に進学していくうちになぜか女の子は徐々に宇宙への関心が薄れていってしまうケースが多いとい

織女神と媛社神をまつる媛社神社（七夕神社）。毎年8月に夏祭りが行われ、全国から届いた短冊が飾られる。©2024kanko-ogori

う話を取材しているとよく聞く。その結果、宇宙にかかわる勉強や研究ができる大学への進学率や仕事に就く人は男性のほうが多くなる。私が宇宙への興味を絶やすことなく大人になれたのは、小郡市に天体ドームがあったから、さらにいえば小郡市が七夕の里だったからなのかもしれない。

いま九州では宇宙への取り組みの機運が高まっている。そもそも九州には、鹿児島県に内之浦宇宙空間観測所と種子島宇宙センターの２つのロケット発射場があるうえに、製造業の企業や、宇宙工学を教えたり、研究したりする大学も多数ある。特に福岡県北九州市にキャンパスがある九州工業大学は、2012年から29機（2024年現在）の衛星を開発・運用し、小型・超小型衛星の運用数が世界の大学・学術機関のなかで世界1位を7年連続で獲得している。かつて北九州市にあった宇宙のテーマパーク「スペースワールド」をきっかけに、宇宙にかかわる仕事を志した人も多い。九州にはもともと宇宙の取り組みの土壌があった。そこに世界的な宇宙ビジネスの盛り上がりや自治体の支援が相まって、さらに宇宙への取り組みが加速しようとしているのだ。

たとえば、大分県では大分空港の3000メートル滑走路をロケットの離着陸に活用するスペースポート計画が進んでいる。アメリカのベンチャー企業が大分空港からロケットを積んだ航空機を飛ばして、ロケットを空中発射して人工衛星を打ち上げる計画の実施が目前に迫っていたが、ベンチャー企業が経営破綻し、事業が停止に。現在は、「Sierra Space（シエラスペース）」というアメリカの宇宙企業が開発する、翼がついた宇宙往還機「ドリームチェイサー」の着陸に大分空港を活用しようとする計画が進む。シエラスペースは、ドリームチェイサーを種子島宇宙センターからH3ロケットで打ち上げることにも関心を寄せている。

ドリームチェイサーは、初期は物資を国際宇宙ステーション（ISS）に運ぶ無人輸送機として運用される予定だが、将来的には人を乗せる計画もある。つまり九州から宇宙と地上を行き来できるようになる日が来るかもしれないのだ。取材で大分空港に行くと、到着ロビーにある足湯コーナーののれんには温泉に浸かる宇宙人のイラストが描かれている。預け荷物が流れてくるベルトコンベアの辺りには、新たに宇宙人のオブジェが設置されたのだとか。さらに福岡県では県内に拠点を構える衛星スタートアップ「ＱＰＳ研究所」が東京証券取引所グロース市場に上場したことで、宇宙ビジネスが盛り上がり、最近は宇宙食を開発する県内企業を支援する事業も行われている。

宇宙開発と天文は少し離れてはいるけれど、私の地元・小郡市の宇宙への取り組みもこの波に乗ってさらに盛り上がっていってほしい。

コラム①

私のスーパーカミオカンデ旅行

私は運がいい。国際宇宙ステーション（ISS）に滞在中の宇宙飛行士に地上から取材する記者を募集する抽選に当たったことがある。人気バンドBUMP OF CHICKENのライブの抽選に応募したら最前列の座席のチケットが当たったし、懸賞もよく当たる。

ある日、実験施設「スーパーカミオカンデ」の施設の内部が一般公開されるという情報を仕事でよくやり取りをしている編集者から教えてもらい、抽選に申し込んでみると当選した。2200人の応募者のうち当選したのはわずか300人。倍率は7倍だったと現地でスタッフから聞いた。そんなに倍率が高かったのによく当たったな。やっぱり私は運がいい。こうして私はスーパーカミオカンデを見学に行くことになった。

ここで、スーパーカミオカンデとニュートリノについて簡単に紹介したい。スーパーカミオカンデとは、岐阜県飛騨市神岡町の地下1000メートルに設置された巨大な実験装置のこと。原子よりもさらに小さい、物質を究極まで分解した最小単位「素粒子」のひとつ「ニュートリノ」を観測して宇宙の歴史を探る。素粒子というと難しい専門用語のように聞こえるかもしれないが、中学校の理科の授業でも習った、原子核の周りを回る「電子」も素粒子だ。原子核を構成する陽子と中性子もかつては素粒子だと考えられていたが、陽子や中性子のなかにはさらに小さい物質があることがわかり、素粒子からは外されてしまった。

スーパーカミオカンデが観測するニュートリノにはいくつかの種類があるが、宇宙が誕生したときや星が超新星爆発を起こすときなどに生まれる。その性質を解明すると、宇宙の初期にどのように物質が作られたかという謎に迫ることに繋がるが、ニュートリノは非常に小さくて軽いうえに何でも通り抜けてしまうし、電気も帯びていない。まるで幽霊のような素粒子であり、捉えるのが難しかった。そこで建設されたのがカミオカンデシリーズだ。スーパーカミオカンデは、地下１０００メートルにある５万トンもの水を溜めた巨大な水槽（検出器）に、大量のセンサ（光電子倍増管）を取り付けておき、ニュートリノがやってくると水槽の水とぶつかったときに現れる小さな光をとらえている。

なお、スーパーカミオカンデ見学はプライベートで申し込んだ。結果的にこうしてレポートを書くことになったけれど、もともとはただの旅行のつもりでいた。普段は宇宙ライターとして高度100キロメートルよりも上の宇宙を追っているけれど、宇宙とは逆方向の地下深いところにもなんだかワクワクする。「防災地下神殿」こと、洪水を防ぐために建設された首都圏外郭放水路の見学にも行ったことがある。詳しくはないけれど深海にも憧れがある。開拓途中のフロンティアに惹かれるのだと思う。

スーパーカミオカンデの一般公開の当日、私は新幹線と在来線を乗り継いで、自宅がある横浜から、集合場所として指定されていた岐阜県飛騨市の神岡町公民館に向かった。そこからはバスでスーパーカミオカンデがある鉱山まで行き、巨大な水槽の上を歩いた。天井にはドーム状の屋根がかかっている。残念ながら、水槽の内部を覗くことはできなかった。そもそも水槽の内部を見たことがある人はわずかで、スーパーカミオカンデの研究者でも見たことがない人が多いらしい。それでも、私がいま歩いている場所のすぐ下で宇宙の謎を解明する実験が行われているのだと思うとワクワクした。こんな体験ができるなんてやっぱり私は運がいい。

神岡町公民館から徒歩約15分の場所には、水槽の内部の一部を再現して展示している「ひだ宇宙科学館　カミオカラボ」がある。道の駅に隣接していて、誰でも気軽に立ち寄

検出器の内部は見られないので、代わりに写真パネルの前でパシャリ。見学ツアーでは実験概要や研究目的について説明を受けることもできた。

れる施設となっている。鉱山からバスで神岡町公民館に戻り、ひだ宇宙科学館に行くと、最終入館時刻を10分過ぎていた。閉館時間は事前に調べていたが、最終入館時刻は盲点だった。渋々神岡町公民館に引き返すと、今度は電車の最寄り駅まで行く最終のバスを逃していることに気づき、タクシーを呼ぶ羽目に。もうグタグダ。せめてひだ宇宙科学館を見学できていたら納得できたのに。大物を引き当てた後はいつも何か良くない出来事が待っている。駅までの料金は9000円。痛い出費だ。良いことと悪いことは同じ分だけ起きる。人生はプラスマイナスゼロ、帳尻が合うようにできている。

プラスマイナスゼロといえば、原子の電荷を思い出す。原子はプラスの電荷（電気）を帯びた陽子とマイナスの電荷を持った電子を同じ数だけ持っていて、原子の電荷は釣り合った状態になっている。人生はまるで原子みたいだ。

約１３８億年前に「ビッグバン」と呼ばれる大爆発によって宇宙が誕生した直後は、「物質」とその正反対の性質を持つ「反物質」が大量に同じ数だけ作られたと考えられている。たとえば、原子と反対の性質を持つものは「反原子」と呼ばれる。物質と反物質が出会うと、お互いに打ち消し合って物質も反物質も消えてしまう。ところが今は、宇宙は物質で溢れていて反物質はほとんど見当たらない。物質と反物質が同じ数だけ作られていれば、宇宙には物質は残らなかったはずだ。なぜ宇宙には物質だけが残っているのだろうか。実はスーパーカミオカンデが観測しているニュートリノとその対になる反ニュートリノの性質を調べると、消えた反物質の謎を解くことに繋がるかもしれないと考えられている。

プラスにもマイナスにも働かない、小さな素粒子が壮大な宇宙の謎を解き明かす鍵を握っている。そう考えると、良いことと悪いことで釣り合いが取れた普通の毎日にも、もっと目を向けなくてはと思う。

第2章

ロケットには希望を載せて

舌が宇宙に連れて行く

宇宙飛行士の滞在先、地球を周回する巨大な実験施設「国際宇宙ステーション（ＩＳＳ）」の公用語は英語とロシア語だ。船内での会話は基本的には英語で行われるが、ロシアのソユーズ宇宙船に搭乗するときはロシア語を使う。だからＪＡＸＡの宇宙飛行士たちは英語に加え、ロシア語も勉強している。高校生の頃から読んでいる大人気漫画『宇宙兄弟』でも、宇宙飛行士選抜試験の受験者がロシア語を勉強しているシーンがある。ロシア語をかじっておけば、いつか何かの役に立つかもしれない。それに英語のほかにもう一つ外国語が話せたらなんだかカッコいい。大学に進学したら、ロシア語を履修してみようと高校生の頃から決めていた。

大学は法学部に進学したため、ロシア語の授業は教養科目として履修することにした。初回の授業で言われた通りに教材を買い揃えて、ウキウキしながら教室で授業が始まるのを待った。ところが、時間になってもほかの生徒が来ない。初回の授業は生徒が何名かいたはずだったのに。先生によると、ロシア語が思っていたよりも難しそうだとビビって、ほかの生徒は履修を取り消してしまったのだとか。確かに、キリル文字は「Д」とか「Ш」とか見慣れない文字が並んでいる。おまけに、英語の「Hello（ハロー）」にあたる、ロシア語の挨拶は「Здравствуйте（ズドラーストヴィチェ）」。長いし、発音も難しい。やめたくなる気持ちもわかる。こうして私はマンツーマンでロシア語の授業を受けることになった。

授業中に当てられるのも、教科書を音読するのも、黒板に宿題の答えを板書するのも全て私。遅刻も欠席も絶対にできない。教養科目のくせにハードな授業だった。

とはいえ、ソユーズロケットの打ち上げ配信を見ると、流れてくるロシア語のなかに知っている単語が増えていくのは嬉しかった。ロシア（旧ソ連）の宇宙ステーションの名前「ミール」はロシア語で平和や世界の意味、「サリュート」は礼砲や花火。普段よく聞く宇宙用語の意味や由来を知ると、込められた想いが想像できて、世界の解像度が上がるようで面白かった。

ロシア語を勉強していて知ったことだが、ロシアには「舌（言葉）がキエフに連れて行く」ということわざがある。人に尋ねて教えてもらえれば、遠い目的地にも辿り着ける。

つまり「わからないことは人に聞きなさい」という意味だ。私はこのことわざをもじって「舌が宇宙に連れて行く」とノートに落書きして、いつかロシア語を役立てられる日を夢見た。

ウクライナ留学へ

ロシア語の勉強を始めて3か月が経った頃、先生に連れられて、大学に短期の語学留学に来ていたウクライナ人の学生に会いに行った。ウクライナの公用語はウクライナ語だが、ウクライナ人のなかにはロシア語を母語とする人やロシア語を話せる人もいる。覚えたての「ズドラーストヴィチェ」を披露すると、みんな仲良くしてくれた。留学生との交流はロシア語の実践の場としてちょうど良く、翌年以降は20人ほどの留学生をアテンドするボランティアスタッフになった。

留学生たちは、ウクライナの観光地や刺繍が入った民族衣装のこと、ウクライナでの大

キーウの観光名所のアンドレイ坂。民芸品を販売する露店やアートギャラリー、カフェが立ち並ぶ。留学前から訪れるのを楽しみにしていたお気に入りの場所。

学生活、流行りの音楽のことなど、色々な話をしてくれた。それと同じトーンで、ウクライナの東部で起きている戦争のことも話し出すので、どんな顔をして聞けばいいのかわからずまごついてしまった。

ウクライナでは２０１３年末から２０１４年初頭にかけて「ユーロマイダン」という革命が起きた。最初は当時の大統領の政治に不満を持った市民が国旗を掲げて行進したり、歌ったりする抗議活動だったそうだが、治安部隊との衝突が相次ぐようになり、１００人以上が犠牲となった。留学生のなかには、家族がユーロマイダンに参加した人もいた。

最終的に大統領はロシアに亡命し、解

任され、ユーロマイダンは終息した。ちなみにこの大統領の豪邸は、のちに観光地になったという。どんな困難にもへこたれないウクライナ人のユーモアが好きだ。混乱のさなか、ロシアが国際法に違反して、ウクライナ南部のクリミア半島の編入を宣言。ウクライナ東部では政府軍と親ロシア派の武装勢力による戦闘が始まった。こうした情勢のことは、ニュースや新聞で見てなんとなく知っていたが、仲良くなった留学生たちの口から聞くと、より身近な出来事だと思えるようになった。

私は宇宙空間を平和的に利用していくための法律「宇宙法」に興味があり、大学では法律を学んでいた。宇宙法とは宇宙にかかわる法律の総称だ。たとえばロケットや人工衛星を打ち上げる際の許可制度やスペースデブリの発生を防止する規則や民間企業が月面で採掘した水や鉱物などの所有権を認める法律をはじめ、様々なものがある。多くはアメリカと旧ソ連が宇宙開発競争を繰り広げていた時代に制定されたが、政府ではなく民間企業が主体となって宇宙開発が進むようになったり、技術の進歩によって新しい取り組みが行われるようになったことを踏まえて、各国が新しい法律を制定している。

新たなに作る必要がある法律やルールのことばかり考えていたけれど、ウクライナで起きている事態を聞いていると、せっかくルールを作っても、守ってくれない国が現れたらどうしたら良いのだろうと疑問に思うようになった。ルールを破られて被害を被っているウクライナは、いまどんな努力をしているのだろう。幸い当時は、首都キーウの治安は落ち着いていた。クリミア危機の震源地であるウクライナの首都キーウで法律や国際関係を学んでみたい。それにウクライナは、あまり目立ってはいないが、旧ソ連時代の名残もあって、いまもロケットや衛星の開発技術を持っている世界有数の国だ。現地の宇宙開発に対する温度感を知ることができたら面白そうだ。そういうわけでウクライナのキーウの大学、２０１７年８月から18年６月まで交換留学に行くことを決めた。

キーウプラネタリウムと不思議なスープ

キーウ旅行した日本人のＸ（旧ツイッター）に「キーウは娯楽がない、つまらない街だ」と書かれていたのを見かけたことがある。確かに、キーウには日本みたいにカラオケやゲームセンターがたくさんあるわけじゃない。友達と遊びに出かけるなら、カフェで紅

レオニド・カデニュークさん(左)と筆者(右)。この日サインしていただいたカデニュークさんの著書の読破を目指してウクライナ語を勉強した。

茶をテイクアウトして街を散歩したり、ピザを買って公園でピクニックしたりすることがほとんどだった。友人や現地で知り合った人びとと過ごす時間そのものが楽しかったから、私は退屈だと思ったことはない。

留学中の一番の思い出は、キーウにあるプラネタリウムのリニューアルセレモニーで、ウクライナの宇宙飛行士レオニド・カデニュークさんにお会いしたことだ。

リニューアルセレモニーでは、カデニュークさんや関係者の後に、急遽私もスピーチをさせていただいた。ウクライナに住む日本人は珍しく、なにをしていても目立ってしまう。私がセレモニーに行くと「日本人なのに、なぜかウクライナの宇宙開発に詳しいオタクがいる」と注目を浴びてしまったのだ。緊張のあまり、簡単なお祝いのメッセージしか言えなかったが、セレモニーが落ち着くと、カデニュークさんは声をかけてくださった。

「タカオ・ドイは素晴らしい人だよ」

カデニュークさんは、日本の宇宙飛行士・土井隆雄さんとともに、１９９７年のスペースシャトルミッションＳＴＳ－87で宇宙飛行をした。カデニュークさんはスピーチのときのしゃんとした顔は違う楽しそうな表情で土井さんのことを話していたのが印象に残っている。20年も前の仲間のことをそんなふうに振り返れるのかと、当時23歳だった私は思った。厳しい訓練を乗り越え、宇宙で時間をともに過ごした仲間の絆を垣間見たような気持ちになった。いつか土井さんにお会いする機会があれば、カデニュークさんのことを伝えようと思った。

セレモニーのあと、プラネタリウムの建物に併設されているカフェで、参加者とカデニュークさんを囲んでランチを食べた。特に同世代の宇宙好きたちとは自然と会話が弾んだ。宇宙の何に興味があるのかだとか、いま勉強していることだとか、そんな話をしながら楽しいひとときを過ごした。

ちなみに、このときテーブルに並んでいたのはウクライナ発祥の家庭料理、鮮やかな赤色をした煮込みスープ「ボルシチ」……かと思いきや、違った。私がキーウに来て食べたボルシチにはだいたいお肉とじゃがいもと玉ねぎとかが入っていたけれど、このスープにはレモンとオリーブが浮かんでいる。うわー、すっぱそう！　手をつける前に正体を確認しておくことにした。

「これは特別なボルシチか何かなの？」

「いや、ソリャンカっていう料理だよ」

近くに座っていた子が教えてくれた。はじめて聞く名前だった。周りに勧められて、スプーンですくって一口飲んでみると、案外おいしい。トマトがベースで、酸味と塩味がいい感じ。あとちょっとスパイスも効いていると思う。日本にはない珍しい味だった。私はソリャンカが気に入って、大学の食堂で食べてみたり、レシピを調べて寮のキッチンで自作してみたりしたけれど、イマイチおいしくなかった。これじゃない……。あのソリャンカをもう一度食べたくて、キーウプラネタリウムのカフェにも行ったけれど、やっぱり何か違う気がした。そばにあったモニターから流れていた国際宇宙ステーションの映像を横目で見ながら、オープニングセレモニーの日のことを思い出した。きっとあの素敵な時間がソリャンカをおいしくしていたんだろう。

キリル文字の暗号が解けたら

キーウの大学では国際法が学べるコースに所属した。国際エネルギー法や国際刑事法をはじめ、専門科目は基本的には英語で受け、空いている時間にロシア語でウクライナ語を学ぶ授業も受講した。

当然ながら学生のほとんどはウクライナ人だった。私と同じように留学してきた学生は数えるほどしかいなかった。英語はともかく、ロシア語やウクライナ語でのコミュニケーションには苦労した。現地の人びととは、キリル文字を筆記体で書く。それも、まるでペンの試し書きみたいな字で。これが全く解読できない。大学のＷｉ－Ｆｉのパスワードを付箋に筆記体でメモして渡されたときは、さすがに日本に帰りたくなった。ウクライナ語の授業の先生の勧めで、現地の子ども用のドリルを買って、ひたすら筆記体の練習をした。すると、驚くことにペンの試し書きみたいだと思っていたメモ書きが自然と読めるようになっていた。

留学生活の後半は、ウクライナにかぶれて、私もペンの試し書きのような文字でメモを取った。日本語とは違って、するりと流れるように書ける感覚が心地いい。授業が退屈なときは、隣の席に座っていた学生とノートの端っこに適当なウクライナ語の単語を筆記体で書いてこっそりと見せ合って笑った。

ノートの落書きがきっかけで仲良くなったサーシャ（仮名）とは、大学のキャンパスから駅までの帰り道をよく一緒に歩いた。十分歩ける距離なのに、なぜかわざわざ満員バスに乗ると、サーシャは「日本の満員電車ってこんな感じ？」「日本が懐かしくなったら、満員のバスに乗ればいいよ」と言った。その日のバスは席が全部埋まっているくらいで、日本の通勤ラッシュの電車の混み具合とは全然違った。でも、留学生である私を気にかけてくれる気持ちが嬉しかった。
どういう流れだったかは忘れてしまったが、帰り道で、サーシャとなぜ大学院に進学しようと思ったのかという話題になったことがある。私は日本では学部生だったが、すでに日本で国際法を少し勉強していたので、キーウでは大学院のコースに所属していた。サーシャも大学院生だ。就職のためなら、学部を卒業すれば十分だろう。それなのにどうしてわざわざ大学院に来たの？　授業中にノートに落書きして遊んでしまうサーシャのことだから、就職を先延ばしにするためのモラトリアム期間として大学院に通っているんじゃないかと私は思っていた。でも、サーシャの答えは違った。

「早く戦争を終わらせたいからだよ」

国際関係を学んで、将来は平和なウクライナを取り戻すことに役立てるような職に就くことを目指しているのだという。
キーウは安全だったから、大学でクリミア問題に関わる法律を勉強していても、同じ国のなかで本当に戦争が起きていることをつい忘れてしまいそうになる。ウクライナに来てもまだ平和ボケしている自分が恥ずかしくて、サーシャにそれ以上詳しくは話を聞くことができなかった。当時、ウクライナでは国際情勢への意識はまばらだった。ロシアのミュージシャンの曲を聴いている人もいれば、ロシアを拒絶する人もいた。戦争から目を逸らさずにはいられない人も多くいたのかもしれない。実際、「悲しくなるからニュースは見ないようにしている」と言う友達もいた。街を散歩していると、教会に戦争で犠牲になった兵士を悼む場所があるのを見かけたし、大学にも戦死した在校生がいた。情勢が落ち着いていたように見えるキーウも、実は生活のいたるところに戦争の影が射しているのが感じられた。

海外から紛争解決の専門家が大学に来たとき、サーシャは「国際社会からウクライナが忘れられてしまわないためにはどうしたらいいですか」と何度か質問をしていた。ロシアにクリミアを一方的に併合され、戦争が始まってから、すでに4年が経っていた。クリミアが併合されたばかりの頃は、世界中で報道された。けれど、いつまでも報道が続くわけじゃない。報道が減れば、世界の関心が薄れ、支援が集まりにくくなってしまう。このままでは戦争はずっと終わらない。それどころか、ロシアがもっと大規模な攻撃を仕掛けるチャンスを与えてしまいかねない。どうすれば、世界からウクライナが忘れられずにいられるのだろう。ウクライナ人だって目を逸らしたくなる辛い現実を世界に伝え続けるにはどうしたらいいのだろう。国際法のほかにも、政治や外交の授業も履修してみて、先生やクラスメイトと話して私が辿り着いた答えは、ウクライナの好きなところを人に話すことだ。ボルシチがおいしいこととか、刺繍が入った民族衣装がすごくかわいいこと、カラフルな建物が立ち並ぶ街を散歩することが楽しいこと。心が惹かれた体験を身近な人に共有して、時間が経ってもたまに「いまウクライナってどうなっているんだろう？」と思い出してもらう。そんな草の根運動なら私にもできそうだ。

最後の授業の日、先生は成績表にサインしながら「世界で活躍する人になりなさい。困ったときはいつでもキーウに帰って来ていいから」と背中を押してくれた。

ロケット開発の父を訪ねて

大学の期末試験は一つも単位を落とさずに乗り切った。あとはもう、帰国の日までウクライナを楽しむだけ。カレンダーをウクライナ国内の観光名所巡りの予定で埋めた。南部の港町・オデッサに、日本の映画のロケ地にもなっている愛のトンネルがあるリヴネ。最後は大学の友人のお父さんのおすすめで、知る人ぞ知る宇宙スポットがある西部の都市ジトーミルへの日帰り弾丸旅行に行くことに決めた。

ジトーミルは、「旧ソ連のロケットの父」と呼ばれる天才エンジニア　セルゲイ・コロリョフの出身地だ。彼は冷戦時代に当時のソビエト連邦の宇宙開発を指導し、史上初の人工衛星打ち上げや有人宇宙飛行を成功へと導いた。コロリョフは、ロケット開発を語る上で欠かせない人物だ。あのイーロン・マスクもコロリョフを称賛しており、SpaceXの社内にはコロリョフの名前を付けた部屋もあるのだとか。２０２１年には、コロリョフの孫とひ孫をSpaceXの工場に招待している。

ジトーミルには、コロリョフが生まれ、かつて過ごした家が記念館として残されている。向かいにはコロリョフの名前を冠した宇宙博物館もある。X（旧ツイッター）でのマスクとコロリョフの孫のやりとりを見た、ウクライナのボロディミル・ゼレンスキー大統領は、「マスクをぜひ博物館に招待したい」とツイートし、ウクライナではニュースになった。

旅行の目当ては、その博物館と記念館だ。当時の私は、有人宇宙飛行や月面開発に興味があり、正直なところ、あまりロケットには詳しくなかったが、せっかくの機会だし聖地巡礼がてら行くことにした。

宇宙博物館にあるセルゲイ・コロリョフの像。

キーウから乗合バスに揺られて２時間半。ジトーミルにやって来た。街の中心にある駅で降りたはずなのに、あまり活気が感じられない。ジトーミル行きを決めたとき、友人が「退屈な街だよ」「ジトーミルに行くぐらいなら、私とキーウを散歩したほうが楽しいよ」と言っていたのを思い出した。Googleマップを頼りに、記念館と宇宙博物館を目指したが、ピンクや黄色の外壁にトタン屋根という、日本人の私からすると独特な組み合わせの戸建てが並ぶ住宅街。本当にこんなところにあるのだろうか。世界的に知られる偉人の記念館なのだから、そろそろ看板くらいあってもいいのにな。不安を募らせながら歩いていると、突如ロケットの模型と石像が現れた。その先に見える建物が博物館で、向かいにあるのが記念館だった。よかった、辿り着けた。

まずは博物館から。なかに入ってみると、一番に、旧ソ連の国旗が記された「ソユーズ宇宙船」の模型が天井から吊り下げられているのが目に飛び込んできた。これは日本の科学館や博物館ではなかなか見られないだろう。入り口からギリギリ全部を見渡せそうなくらいのスペースにお宝が所狭しと並んでいる。ユーリ・ガガーリンが乗った宇宙船「ボストーク1号」の模型もあった。ガガーリンはこんなに小さなカプセルで宇宙に行ったんだ。でも、中に入ってみたら、意外と広いのかも。

そんなことを考えながら展示を見ていると、向かいの記念館を見る前に疲れ切ってしまった。展示には英訳がなく、そんなに得意ではないウクライナ語だけで書かれているものもあったので、解読するのに苦労した。一応記念館も見たが、今も覚えているのはガガーリンとコロリョフが親しげにしている様子を捉えた写真くらいだ。

コロリョフは20代後半でミサイル開発の研究所の副所長に抜擢されるほど優秀なエンジニアだった。しかし優秀であるがゆえに、同僚に妬まれ、ありもしない罪をきせられ、「シベリア送り」に。歯は拷問でほとんど抜け落ちてしまったという。死刑宣告を受けたが、ロケットの研究のために釈放された。

コロリョフはどんな思いでロケットを開発していたのだろうか。記念館ではどんなふうに彼の人生が描かれていたのだろう。ソユーズ宇宙船やボストークの展示なら、ロシアでも見られたはずだ。あの場ならではの展示をもっと見るべきだったのに。帰国しても、一年に1回くらいはウクライナに観光に来よう。そのときに記念館も、もう一度じっくり見学すればいい。そう思った私は、早々に撤収してしまった。

その後、大学を卒業し、社会人になった私は、２０１９年のゴールデンウィークの休暇中にウクライナに戻ってきた。ただ、このときは学生時代の友人たちとの約束で予定が埋まってしまい、ジトーミルには足を運べなかった。さらに翌年からは新型コロナウイルス感染症が流行し、海外渡航自体ができなくなった。ロシアによる侵攻が始まったのは、コロナがようやく落ち着いて、そろそろウクライナに行こうと思っていた２０２２年２月24

日のことだった。

戦争が始まった日

2022年2月初旬、ウクライナから小包が届いた。ウクライナの友人たちとは帰国してからもずっと交流があり、たまに国際郵便でのプレゼント交換をしていた。そのプレゼントがはるばる届いたのだ。中身は、キーウのスーパーでよく買って食べていたインスタントのオートミールやキャラメル、ラズベリーの紅茶など、私の大好物ばかり。友人のおばあちゃんが編んでくれた手袋も入っていた。

その頃は、ロシアがウクライナとの国境付近に部隊を送り込んでいて、ロシアがウクライナに侵攻するのではないかという報道で持ち切りだった。今でこそウクライナはよく知られた国になったが、それまでは日本でウクライナと言ってピンと来るのは国際政治や国際関係に精通している人かサッカー好き、バックパッカーくらいだったように思う。

「ウクライナに留学していました」

「南米の？」

「それはウルグアイですね」

何度このやり取りをしたことか。ウクライナの知名度はその程度だった。

当然、ウクライナの友人とのチャットでも情勢のことが話題になったが、「ウクライナがこんなに有名になるなんて（笑）」と自虐ネタにして笑い合っていた。２月23日は別の友人とチャットをしていた。「まあ、大丈夫でしょ」と言うので、いつも通りに冗談を言い合った。

24日お昼過ぎ、ニュースアプリの通知で侵攻が始まったことを知った。侵攻が起きるとしても、キーウは大丈夫だろうと高を括っていた。原稿を書いていた手を止めて、ウクライナで普及しているメッセージアプリ・テレグラムを開いた。テレグラムは友達のオンライン状況が表示されるようになっているため、とりあえず友人たちが生きていることは確かめられた。

仲が良い友人に連絡を入れると、「爆発音が聞こえる」「怖い」「助けて」というメッセージがiPhoneの通知画面を埋め尽くした。普段はみんなの自撮りや新しいネイルの写真が流れてくるインスタグラムのストーリーは、どれだけスワイプしてもシェルターでの写真やミサイルが落ちて燃えた家の写真ばかりが表示されるようになった。なかには、私がキーウで住んでいた寮の地下にあるシェルターで学生たちが身を寄せ合っている写真もあった。留学に行ったタイミングが少し違っていたら、私も今頃はこのシェルターにいたかもしれない。

それにニュースで「戦争が始まった」と聞くと、違和感がある。戦争は２０１４年から続いていた。終戦に向かわせられず、ロシアに全面侵攻の機会を与えてしまった国際社会にも責任がある。

ウクライナみたいな小国がロシアに敵《かな》うわけがない。ロシアはかつての戦争で民間人を虐殺した過去もある。そんな国が作ったロケットや宇宙船をかっこいいと思って生きてきた自分は頭がどうかしていた。キーウのみんなは殺されてしまうのかな。街も全部燃やされてしまうかも。心臓がずっとバクバクしたままで、生きた心地がしない。

侵攻が始まったからといって仕事は休めない。キーウの大学の友人からの「今日は生きられたけど、明日はわからない」というメッセージに返す言葉を見つけられないまま、週末には大分県で開催されたスペースポートのカンファレンスの取材に向かった。

ロケットは人工衛星や宇宙飛行士を載せて飛ぶけれど、爆弾を載せればミサイルになる。そのミサイルで今この瞬間も友人たちが殺されそうになっている。宇宙開発の技術は、戦争のための技術の延長線上にある。1か月以上前からずっと楽しみにしていた取材だったのに、講演を聞いていると涙が溢れた。

命がけの避難

ロシアが攻めてくればキーウは3日以内に陥落する。侵攻が始まる前は多くのメディアはそう報じていた。しかし、ウクライナはなんとか持ち堪えた。

先が見えないなか、ウクライナの人びとは近隣国に避難していった。その数は800万人以上に上った。3月に入ると、ヨーロッパの各国に続いて、日本でもウクライナ避難民を受け入れる方針を当時の岸田首相が発表した。このニュースを知った友人たちから、日本に避難したいと相談の連絡がちらほらと来るようになった。

まずはウクライナから脱出して、身の安全を確保することが最優先。電車で隣国のポーランドに避難するように友人たちにチャットで伝えた。友人たちが乗った電車にミサイルが落ちたらどうしよう。そもそも逃げる人たちで満員の電車に今からでも乗れるのだろうか。海外に避難なんてせずに、シェルターにとどまっていることを勧めたほうが良かったと後悔することになるかもしれない。でも、シェルターにいても地上戦が起きたら巻き込まれてしまうかもしれないし。生き残れる確率が高いのはどちらか。私たちは国外避難に賭けた。

スマホを見ると、もう随分と連絡を取っていない知り合いからのチャットがたくさん届いていた。メッセージをくれたのは、留学中の休みの日にヨーロッパのあちらこちらをバックパッカー旅行していたときに同じ宿に泊まっていた人や国際機関の見学ツアーが一緒になってFacebookを交換した人たちだった。

「ハルカがウクライナのことを熱弁していたのを今も覚えているよ」

「友達は大丈夫？　もし私の国に避難するなら手伝う」
「うちの国の避難民の受け入れ状況とか、必要なら調べるから言ってね」

何年も前にたった一回会っただけの私のことをみんな覚えていてくれて、手を差し伸べてくれたのだ。

友人たちがウクライナから脱出している間に、私は在ポーランド日本大使館に問い合わせてビザの申請に必要な手続きを尋ね、書類を用意した。並行して、日本で避難民に滞在場所を提供することを表明してくださった自治体や企業との調整を進めた。携帯の契約はかけ放題プランに変更しなくてはならないほど、連日何件も電話をかけた。

ウクライナの物価は日本よりもずっと低い。クレジットカードの上限額の都合で、ポーランドから日本に渡る航空券を買えないときは私が立て替えた。せっかく航空券を買っても、航空機がロシアの上空を飛行できなくなった影響でフライトがキャンセルされたこともある。パニックになった友人からのチャットの通知で午前4時に目が覚めて、作戦会議をした。支払った料金は返金できるかどうかわからないというので、航空券を買うたびに出発の当日までヒヤヒヤさせられた。けれど、みんなが生きていられるのなら、もはやお金のことなんてもうどうでもよかった。

3月中旬からウクライナ避難民が日本にも避難してきた。その数は約2000人。ビザの申請が通らず、希望者全員とはいかなかったけれど、避難を手伝ったのは10人以上。5人の身元保証人を引き受けた。

日本に避難してきた友人たちを空港に迎えに行くたびに、到着口には大勢の報道陣がウクライナからの避難民を撮影しようと、カメラを持って待ち構えていたのを見かけた。普段はカメラを構える側にいる私も、この光景にはうろたえてしまった。

テレビも新聞もWebニュースも侵攻のニュースを連日伝えていた。着のみ着のままで遥々日本まで逃げてきた避難民の姿は象徴的な映像になる。どうして避難先に日本を選んだのか、これからどうやって暮らしていくつもりなのかもインタビューしたいはずだ。記者やカメラマンたちの気持ちはよくわかる。

でも、憔悴しきっている友人たちに取材を受けてほしいとは思えない。とはいえ、避難民の受け入れには多くの方に協力してもらっている。自治体が空いている市営住宅を無償で貸してくださったり、企業が家電や生活用品を提供してくださったり。ほとんど日本語ができない友人は、学費を免除してくださった日本語学校に通うことになった。サービスに対価を支払えないことが申し訳なくてたまらなかった。せめて、メディアの取材を通じて感謝を伝えるべきなんじゃないか。どんなことに困っていて、どういう支援が必要なのかを話す必要もあるはずだ。頭のなかでサーシャの姿が浮かんだ。サーシャは大学院を卒業後官僚になり、ウクライナにとどまっていた。ちゃんと伝えないと、そのうちまたウクライナが国際社会から忘れられてしまう。

そう思ってはいるけれど、テレビのニュースを見ていると避難民が空港で家族と再会したり、安堵の涙を流したりするシーンを見ると、なんだか戦争が感動コンテンツとして消費されているような気がして悲しくなった。

私も普段書いている記事で誰かを傷つけてしまっていたら……。そう思うと、取材をしたり、原稿を書いたりすることが怖くなった。

宇宙からは国境線は見えない、というけれど

ロシアによるウクライナ侵攻は、宇宙業界にも大打撃を与えた。

アメリカやヨーロッパの国々がロシアの侵攻に反対して経済制裁を科すと、ロシアはソユーズロケットでのイギリスの衛星企業「OneWeb（ワンウェブ）」の衛星36機の打ち上げを直前で中止した。

ロシアのソユーズロケットといえば、宇宙飛行士をISSに送り届けるのに使われているイメージが強いかもしれない。2021年12月にISSに滞在した、ZOZO創業者の前澤友作さんもソユーズロケットに乗った。ソユーズロケットはこうした有人宇宙飛行はもちろん、ロシアの衛星や日本を含む海外の企業の衛星の打ち上げも担っていた。

OneWebは大量の通信衛星を打ち上げて、インターネット網を構築するベンチャー企業だ。SpaceXの通信サービス「スターリンク」のライバルであり、日本の大手通信会社ソフトバンクが出資していることでも知られている。打ち上げが中止された後、OneWebの通信衛星はソユーズが発射される予定だったバイコヌール宇宙基地に取り残されたまま返還されず、OneWebは310億円の損失を被ったと報告している。顧客との契約を一方的に取りやめた上に、衛星も返してくれないなんて、ロシアはとんでもない輩《やから》である。ロシアはヨーロッパのロケット企業「Arianespace（アリアンスペース）」と協力して、フランス領ギアナの宇宙センターからソユーズロケットを打ち上げていたが、その計画も中断された。こうした状況を受けて、海外企業の多くはソユーズロケットでの打ち上げをやめざるを得なくなった。世界では、衛星の打ち上げの需要に対する、ロケットの供給がまだ不足している状況だ。ソユーズロケットが使えなくなったことは痛手だった。

一方、ロシアによる侵攻は人工衛星の有用性を一般に浸透させる機会にもなった。たとえば、ロシアの攻撃でウクライナのインフラ設備が壊されても、SpaceXが開発した衛星を使った通信サービス「スターリンク」が通信環境を守った。

ロシア軍に一時的に占領されたウクライナの首都近郊の街・ブチャで住民の遺体が多数見つかった問題では、衛星が撮った画像が貢献した。ウクライナ政府はロシアによる犯行だと主張したが、ロシア政府は関与を否定した。議論は平行線を辿るかと思いきや、ロシア軍が撤退する前にすでに路上に遺体が横たわっているのを民間企業の衛星が宇宙から見ていた。衛星画像が証拠となり、ロシア政府の主張を覆し、ウクライナの潔白を証明したのだ。宇宙からは国境線は見えないというけれど、その国境線を巡る戦争で奪われた命は見ることができる。

衛星画像に遺体の小さな影が写っている。犠牲者のなかに友達と同じ名前の人がいて、亡くなった方もきっと誰かの大切な友達、あるいは家族だったのだと想像できた。一人ひとりがかけがえのない人だったんだ。

犯人がわかったからといって、亡くなったブチャの人びとの命が戻ってくるわけではない。それでも、ウクライナの人びとにとっては、自分たちの国の政府や軍はやっぱり味方だったと明確になったことは心の拠り所になったはずだ。同時に、ロシア軍に領土を占領されるとブチャのように住民にまで被害が及ぶ恐れがあることが共通の理解となり、絶対に戦争に負けられないと人びとの結束を強めた。

かたや、日本では「宇宙が戦争に使われるなんて嫌だ」なんていう意見もたくさん聞いた。戦争と聞くとアレルギー反応みたいに拒絶する人もいる。ウクライナだって好きで戦争をしているわけじゃない。そもそもロシアがウクライナの領土から撤退してくれさえすればいつでも終わる戦争だ。生きるために抵抗しているだけなのに、ロシアと同一視されて、「戦争は悪だ」と一蹴されるのは悔しい。私たちだって衛星の画像を犠牲者の遺体を数えるのに使うなんてもうこりごりだ。だからこそ、1日でも早く元どおりの生活を取り戻すために宇宙を使おうとしている。このことを伝えたい気持ちでいっぱいになったとき、もう一度原稿を書きたいと思った。

メッセージボトルの行方

この時期――２０２２年5月頃に書いた原稿のなかでも、特に印象に残っているエッセイがある。30歳以下のタレント、作家、発明家、音楽家など、様々な活動をしている若手が平和のためにできることをテーマに書いたアンソロジー『from under 30 世界を平和にする第一歩』（河出書房新社）に寄稿したエッセイだ。

中高生が対象の書籍ということだったので、まずは対象読者に年齢が近い学生に協力してもらい、ロシアによるウクライナ侵攻をどうとらえているのかヒアリングさせてもらった。

「侵攻が始まったときは、心配で眠れなかった」

「学校の社会の先生と話したけれど、自分にできることが何も見つからなかったから、考えるのをやめてしまった」

ああ、こんなにもウクライナのことを考えていてくれた人がいたんだな。その学生は何もできることが見つからなかったことを申し訳なさそうに話していたけれど、その気持ちを聞いて私は避難民の支援を続ける力をもらえた気がした。当時は、すでに来日していた避難民のサポートとこれから日本に来る避難民のビザ申請の手続きや住居を借りるための手配に追われて体力が限界を迎えそうだったし、全員の生活を守り切れるかどうか不安で押しつぶされそうだった。日本への避難を決めたときは、生きてさえいればなんとかなると思っていたけれど、現実はそんなに甘くない。むしろ避難してきてからのほうがずっと大変だった。それでも心配してくれている人たちがいるということだけで勇気づけられた。

彼女のようにウクライナ情勢に思いを寄せてくれている学生が日本中に大勢いるのだろう。一人ひとりと会って話ができたらいいけれど、そういうわけにはいかない。こんなときこそ文章の出番だ。今すぐにできることが見つけられなくても、うしろめたく思わないでほしい。私の場合は宇宙開発への興味を追いかけているうちにウクライナに辿り着き、現地の友人の避難をたまたま手伝うことができた。ただ、ロシアによる侵攻が終われば世界は平和になるかというと違うし、戦争が起きていない場所にも色々な悩みを抱えている人がいる。興味や関心を広げていくことから始めて、そこで見つけた違和感を少しずつ解いていけばいいというメッセージを手紙のように書き綴った。

書籍が刊行されてからしばらくして、一通のメールが届いた。私が書いたエッセイを中学の国語の教科書に掲載したいという連絡だった。どういうこと？　もう一度読み直しても、やっぱり国語の教科書に掲載したいと書いてある。なんてこった！

この本が書店や図書館で並んでいるのは何度か見かけたが、誰かが読んでくれた実感は得られないままだった。本は日本で毎日平均約２００冊、年間で７万冊以上発売されるらしい。有名人でも人気作家でもない私のエッセイは、手紙を瓶に入れて海に投げたメッセージボトルのようなもの。いつか誰かが見つけて、拾って読んでくれたらラッキーぐらいに思っていた。教科書の出版社からのメールは、メッセージボトルの返信そのものだ。広い海で見つけてもらえるだけでも奇跡に近いのに、読んで連絡をくれる人が現れるなんて。しかも、教科書に掲載したいというのだから驚いた。

日本中の学校で私の書いた文章が音読されたり、もしかするとテストの問題になったりもするのかと思うと、正直なところ少しドキドキする。もともとウクライナ情勢に心を痛めている日本中の学生に宛てた手紙のようなものだったから、多くの人に読んでもらえるのは嬉しいことだ。

とはいえ、二つ返事で掲載を承諾できたわけではない。教科書に一度掲載されると、国際情勢が変わってもそう簡単には訂正ができなくなるし、自分なんかの文章で良いのか自信もなかった。近所の図書館に駆け込み、かつて使っていた小中学生の国語の教科書を十数年ぶりに読み直して気が付いたことは、教科書はただ日本語の文法や漢字を学ぶためだけのものではないということだ。第二次世界大戦の悲惨さや戦時下の日常を描いた『ちいちゃんのかげおくり』や『一つの花』、『字のないはがき』。これらの物語を読まなかったら、私は歴史の授業で戦争が起きていた事実は知っていても、戦争がもたらす悲しみにまでは触れられず、ウクライナで起きていることにも気を留めなかったかもしれない。かつて国語の教科書で読んだ物語からバトンを繋ぎたい。教科書への掲載を承諾することにした。

メッセージボトルを海に向かってもう一度、今度はより遠くをめがけて投げたような気分だ。メッセージボトルの旅はこれからも続く。

平和の象徴が人質に

ロシアによるウクライナ侵攻の影響は、有人宇宙飛行の場にも及んだ。

アメリカがロシアに科した経済制裁に、ロシアの国営宇宙開発企業ロスコスモスの当時のドミトリー・ロゴジン社長は反発。ＩＳＳの軌道や姿勢のコントロールを担うロシアとの協力関係を断つなら、ＩＳＳは制御不能になり、ＩＳＳはアメリカやヨーロッパ、中国、インドに落下する可能性があるといった趣旨の内容をＸ（当時はツイッター）に投稿した。

ＩＳＳはアメリカとロシアが宇宙開発競争を繰り広げた冷戦が終結した後、１９９８年に打ち上げが始まり、２０１１年に完成。日本、アメリカ、ロシア、ヨーロッパ各国、カナダが参画し、世界平和の象徴として運用が続けられてきた。そんなＩＳＳが侵攻の人質に取られてしまったのだ。これまでの国際協力が水の泡になろうとしていた。国の宇宙政策にもかかわるＩＳＳ参画の方針をＳＮＳで発表してしまうのはいかがなものかとも思った。

２０２２年7月、ＮＡＳＡとロスコスモスの間で、ＩＳＳに向かう宇宙船の座席を交換する協定が結ばれた。ＮＡＳＡが手配するSpaceXのクルードラゴン宇宙船 運用5号機（Crew-5）にロスコスモスの宇宙飛行士アンナ・キキナさんが、ロスコスモスのソユーズのＭＳ－22にはＮＡＳＡのフランク・ルビオさんが搭乗することになった。

アメリカは２００３年にスペースシャトル・コロンビア号の空中分解事故を起こし、その後2年半はスペースシャトルの飛行は中止された。２０１１年にスペースシャトルが退役すると、SpaceXがクルードラゴン宇宙船を開発し、２０２０年に運用を始めるまでは、ＩＳＳに宇宙飛行士を輸送できるロケットと宇宙船を持つ国は世界でロシアだけだった。スペースシャトルが飛行できなかった期間は、ロシアの協力でＩＳＳの運用を続けてこられたのだ。とはいえ、ウクライナに戦争を仕掛け、ＩＳＳを人質に経済制裁の緩和を図ったロシアの宇宙飛行士を平和の象徴であるＩＳＳにわざわざアメリカのロケットで輸送することに、今一つ納得できない自分もいた。同じように違和感を持つ人も多いのではないかと思った。

SpaceXのCrew-5にはＪＡＸＡの宇宙飛行士・若田光一さんが搭乗することが決まって

宇宙飛行士の若田光一さん。若田さんがアメリカから一時帰国した際に都内で開催された記者会見にて撮影。

いた。７月21日に行われた記者会見では、若田さんに対して緊迫する国際情勢による影響や座席交換の意義を問う質問も挙がった。これに対して、若田さんはＩＳＳを安定的に運用するためには複数の宇宙往還システムを持つことが重要であること、国際情勢の悪化はＩＳＳにいる宇宙飛行士の仕事には影響がないことを淡々と説明した。

「（ＩＳＳでは）今我々にできることは何かということをきちんと考える。私たちができないことを考えるのではなくて、できることに集中するというのかな」

奇しくも、クリミア危機が起きたのは、若田さんの前回のＩＳＳ滞在中だった。若田さんはそのときのことを、船内でロシアやアメリカの宇宙飛行士とウクライナに関するニュースを見ながら話したこと、意見に違いはあったものの、宇宙での仕事に影響を与えることはなかったと著書で語っている。そんな若田さんの言葉には説得力があった。

記者会見の後も若田さんの言葉は、何度も頭に浮かんだ。クルードラゴン宇宙船に日本人としては初めて野口聡一さんが、その次に星出彰彦さんが搭乗したときは、コロナウイルス感染症のパンデミックの影響で日本のメディアの取材は制限されていた。次に日本人が搭乗するときは現地で取材したいと思っていた。打ち上げの様子はYouTube配信でも見られるけれど、そのときの空気感は現地に行かなければわからない。とはいえ、ウクライナでは知り合いが前線で戦っているし、日本に避難してきた友人たちを置いて自分のやりたいことのために海外出張に行くことに後ろめたさを感じていた。けれど、若田さんの言葉に背中を押された。できないことを考えても仕方がない。Crew-5の現地取材に挑戦しようと決心した。

くじ運の無駄づかい

外国人がＮＡＳＡの取材に申し込むためには、アメリカの報道ビザの取得が必要だ。申し込み締切は近づいてくるのに、報道ビザの取り方は調べてもわからないことばかり。取得のハードルはどのくらい高いのか、条件は何なのか、提出書類のフォーマットはどうすれば良いのか……。新聞社やテレビ局の職員なら社内に情報があるだろうが、フリーランスの私は、一か八かで申請してみるしかなかった。書類を用意して、在日アメリカ大使館での面接を予約した。

面接の当日。真夏の暑さのなか、スーツを来て大使館に行った。面接では一体どんな質問をされるのか。英語での面接には不安もあり、何度も脳内シミュレーションをして臨んだ。威圧的な空気に緊張しながら質問のいくつかに答えた後、面接官が作業を始めたので、次はどんな質問が来るのかと待ち構えていた。すると、面接官は一言、「出口はあちらです」。拍子抜けした。用意していた書類やこれまでの執筆歴もあってか、思いのほかすんなりと報道ビザが手に入った。

ＮＡＳＡはアメリカにいくつか拠点を持っている。よく名前を聞くヒューストンのジョンソン宇宙センターは宇宙飛行士の訓練などが行われている。私が向かっているのは、打ち上げの発射場があるフロリダのケネディ宇宙センターだ。フロリダはディズニーリゾートやユニバーサルスタジオもある観光地。ケネディ宇宙センターは見学施設もあり、観光スポットの一つになっている。ちなみに、ＮＡＳＡの宇宙飛行士と食事を取ったり、一緒に施設を巡ったりできるオプションプラン（有料）もある。宇宙飛行士が大勢いるＮＡＳＡならではの取り組みだと思う。

空港で航空券を発券すると、フライトナンバーや座席番号の下に「SSSS」という印字が入っていた。海外にはこれまで何度か渡航したことがあるが、見たことのない表記だ。ゲームだったらスーパーレア的な意味になりそうだが、なんだろう？　検索してみると、なんとこれは「Secondary Security Screening Selection（二次セキュリティ検査選出）」の略だという。ネット記事には、ＦＢＩのテロ対策ウォッチリストに名前が載っていると印字されると書いてあった。いつの間にテロ容疑をかけられてしまったの？　そんなわけないと思いながら、焦りながら調べていると、アメリカでは同時多発テロ以降、セキュリティ検査が厳しくなり、搭乗者を選んで詳しく検査するシステムを導入しており、それに選ばれてしまったことがわかった。私は昔からくじ運がまあまあいい。このときはくじ運が裏目に出てしまったみたいだ。

案の定、カナダ・モントリオールでフロリダ便に乗り継ぐ前のセキュリティゲートで、空港のスタッフに引き留められた。やはりほかの乗客よりも厳しい検査がいるようで、別のレーンに連れて行かれ、荷物検査を受けることに。手荷物の中身を一つひとつ、ポーチの中まで確認される。どれも日用品で危険性はないことを身振り手振りで必死に説明した。

「君はどこに行くつもりなの？」
「ケネディ宇宙センターです」
「それならよし。ＧＯ！」

なんだかロケットの打ち上げ前の合図みたいだった。私はケネディ宇宙センターに行くんだ！　ウキウキしながら飛行機に乗った。

May The Force Be with Me

オーランド国際空港に到着してすでに1時間が経っていた。荷物受取場のベルトコンベアの前で待てども待てどもスーツケースが出てこない。嫌な予感がした。というのも、モントリオールのセキュリティー検査で預け荷物のスーツケースの中身も確認するはずが、私のスーツケースは見当たらなかったようで検査を逃れていたからだ。ベルトコンベアの近くにいたスタッフに事情を話して探してもらったが、やっぱりスーツケースはない。ロストバゲージだ。ついてなさすぎる。しかも、フロリダは暑いのに、肌寒いパリから来た私は厚着していた。幸い海外旅行保険に入っていたので、保険金で当面の服と日用品を購入することにした。

しかし、ここはアメリカ。空港内のショップのなかで背が低い私が着られそうな服は、ディズニーストアのキッズサイズのTシャツぐらいしか見当たらない。景気付けに映画『スター・ウォーズ』に登場するキャラクター・ヨーダと作中に出てくる幸運を祈る合言葉「May The Force be with You（フォースが共にあらんことを）」がプリントされたT

シャツを選んだ。

ロストバゲージに追い討ちをかけるように、巨大ハリケーン「イアン」が、ケネディ宇宙センターがあるフロリダ南西部に向かってきていた。Crew-5の打ち上げが延期になった。かなり大規模な被害が予想されていて、私が宿泊していたホテルには、海岸近くの住民が避難してきていた。しばらくはホテルに籠ることになりそうだ。スーツケースはまだ届かないまま。しぶしぶウォルマートに日用品と食料を買いに出かけた。飲料水はすでに売り切れ。ただならぬ雰囲気を感じた。

翌日、フロリダ州では５００年に一度の規模の洪水が発生した。ホテルのロビーにはハリケーンで停電しても宿泊費は返金されないという張り紙がされていた。私の部屋は1階。水没してしまわないだろうか。そういえば、この部屋なんだか汚いし、付属のヘアドライヤーも壊れている。最悪だ。スマホにはハリケーンの緊急速報が次々と届く。早く日本に帰りたい。雨風の音と停電に怯えながら、部屋でひとり原稿を書いた。結局スーツケースが届いたのは、フロリダに着いてから5日後。ハリケーンが過ぎ去った日の翌日の夕方だった。

2022年10月3日、打ち上げの2日前。NASAからの1通のメールとともに特大のチャンスが舞い込んできた。なんと、スペースシャトル組立棟（Vehicle Assembly Building：通称VAB）の屋上からロケットの打ち上げを取材できるというのだ。やった！

VABとは、ケネディ宇宙センターにある、ロケットを垂直に組み立てるための建物のこと。左にアメリカの国旗、右にNASAのロゴマークが描かれている白くて四角い建物だというと、ピンとくる方も多いかもしれない。ケネディ宇宙センターの象徴とも言える場所で打ち上げを取材できるなんて幸せだ。しかもVABはロケットがすっぽりと入るくらい巨大。一続きの建物としては、世界最大の高さを誇る。ロケットを打ち上げる射場の正面にあるし、迫力がある写真を撮れるに違いない。

実は、私はVABの屋上からの取材のくじ引きに一度ハズレていた。誰だってVABから取材できるチャンスがあるなら応募するだろう。「当たったらラッキー」くらいの感覚で申し込んでいたから、あまりガッカリすることはなかった。その数日後にNASAから届いた取材要領の案内メールに、取材希望者の応募フォームが載っていた。また落選するかもと思いながら、ダメ元で申し込んでおいた。

ＶＡＢの屋上からロケットの打ち上げを取材するなんて、人生で一度あるかないか。きっとお金じゃ買えないとんでもないチャンスだ。ＮＡＳＡからのメールを何度も目でなぞって、喜びを噛み締めた。思い浮かんだのはセキュリティー検査にロストバゲージ、巨大ハリケーンの苦労の数々。数日の間に人生で一度あるかないかの事件が立て続けに起きていた。きっと全部、ＶＡＢの屋上からの取材のチャンスを引き当てるためのバランス調整だったのだろう。そういうことにしよう！

ロシア人記者との会話

10月5日、ついに打ち上げの日がやって来た。

集合場所はケネディ宇宙センターの敷地内の建物の前。フロリダはクルマ社会だが、私は運転免許を持っていないので配車アプリ「Uber」「Lyft」を駆使して移動している。この日はUberで移動することにした。運転手はお喋り好きな人が多くて退屈しない。以前はSpaceXで掃除の仕事をやっていたという運転手は、SpaceXで働く日本人の話をしてくれた。難点は、たまに配車に時間がかかってしまうことだ。今日ばかりは遅刻するとまずい。少し早めに出発したら、集合時刻よりも30分早い午前6時前に到着してしまった。特にやることもないので、ツイッターを見ながら建物の前で立って待っていると、人がクルマから降りてこちらに近づいてきた。

「幽霊かと思った！」

同世代に見える女性記者はそう言った。真っ暗な中で私が一人で立っているのを見て、不気味だと思って声をかけたらしい。「リンゴとパンがあるから、お腹が空いたら言ってね」と声をかけてくれた。親切で気さくな人だと思った。集合時刻を待ちながら世間話をしていると、彼女はロスコスモスのアンナ・キキナさんの取材で来たロシア人だとわかった。ロシア人だと聞くと、やっぱり侵攻のことをどう考えているのか、どうして侵攻をやめさせられないのか問い詰めたくなる気持ちもある。けれど、私はここに取材で来ている。取材に集中するべきだ。

さっき見たばかりの若田さんのツイートの内容を思い出した。若田さんは隔離された宇

ロスコスモスの宇宙飛行士アンナ・キキナさん。打ち上げの前に激励に来た家族や同僚らにはじける笑顔とともに手を振った。

宙飛行士宿舎にいたため床屋に行けず、キキナさんに髪を切ってもらったそうだ。このツイートを女性記者に翻訳して伝えると、「アンナは散髪もできるんだね。面白い！」と言った。

この話題をきっかけに、女性記者は取材を通じて知ったキキナさんの人柄について話してくれた。ロシアには日本よりもずっと多くの宇宙飛行士がいるが、それでもキキナさんは愛されていて、多くのファンがいるのだろうと思った。若田さんの散髪のエピソードは面白かったようで、女性記者は「今のツイートをこの人たちにも聞かせて！」と同僚を連れて来た。「ズドラーストヴィチェ」。私がロシア語を話すとロシア人の記者たちは驚いていた。

「どうしてロシア語が話せるの？」

「宇宙が好きだから勉強したんです。それにウクライナに住んでいたときも使っていたし」

「そうなんだ」

日本やヨーロッパだったら「ウクライナに住んだことがある」と言うと、それが話の本題ではなくても現地の友人の無事を気にかけてくれる人がほとんどだ。ロシア人の記者たちは、まるでロシアがウクライナに侵攻していることを知らないみたいだった。

それでも共通の話題で話せたことに手応えを感じた。ロシアに侵攻が始まった直後、2022年3月には国家間の紛争を解決する国際司法裁判所（ＩＣＪ）にウクライナがロシアの軍事行動の停止を求めて訴えを起こして審理が始まった。キーウの大学の授業で国際司法裁判の仕組みを教えてくださった先生が中心となって手続きを進めていたこともあり、私は祈るような気持ちで中継を見ていた。しかし、ロシアは裁判をボイコットした。裁判所と制度を作ったからといって必ずしも交渉が進むわけではないということを目の当たりにした出来事だった。

宇宙開発においても、ロシアは2021年に宇宙空間にある自国の衛星をミサイルで破壊する実験を行い、そのときに作られた破片は大量の宇宙ゴミとなった。しかも、その宇宙ゴミがISSに接近し、宇宙飛行士たちはISSにドッキングしている宇宙船に一時的に避難する事態にまで発展した。世界はこうした衛星の破壊実験を禁止するルールづくりを急いでいるが、ロシアの反発もあり、なかなか上手くいっていないのが現状だ。それでいて、宇宙ゴミの発生の防止をはじめ、宇宙空間の持続的な利用を議論する国際カンファレンスに行くと、一番議論を交わしたいはずのロシアからの出席者がほとんどいないのだ。

何かを交渉するには、まずは相手を議論のテーブルに着かせる必要がある。私はライターであり、活動家ではないけれど、私たちのような民間人のちょっとした会話の積み重ねが、いつか世論を動かして、揉めごとを解決する交渉の場を作り出すことにつながっていたらいいなと思った。

「Это наш автобус.（私たちのバスが来たよ）」

「Да, пойдёмте!（そうだね、行きましょう）」

NASAのスタッフの英語のアナウンスよりも、ロシア語のほうが耳にすっと入って来る。私はロシア人の記者たちと一緒にNASAが用意したプレスセンター行きのマイクロバスに一緒に乗り込んだ。

大地を蹴って宇宙に行く

宇宙船へ向かう宇宙飛行士たちを見送る「クルーウォークアウト」が終わると、いよいよ次はロケットの打ち上げだ。ロシア人記者たちとは別れ、私はNASAの職員のガイドに従いながら、VABに移動した。

エレベーターを2回乗り継いで着いた屋上。セメント色の床の先には、見渡す限りフロリダの湿地帯と海が広がっていた。こんなにも鮮やかな色が見られる場所が地球上にあったんだ！　草原の緑も、空と海の青も、透き通っている。生きている自然の色だった。そんな壮大な景色のなかに、ロケットを打ち上げる設備がちょこんと建っているのが見えた。ケネディ宇宙センターは最先端技術の集積地だが、不思議と自然に溶け込んでいる。

屋上にいるのは10人ほど。発射のカウントダウンも声援も届かず、腕時計の針を見ながら、打ち上げのときを静かに待った。まるで世界には、自分と目の前のロケットしかないみたいに思えた。


オレンジ色の炎が上がるとそこからはもう一瞬だった。宇宙船にクルードラゴンという名前が付いている通り、竜みたいに空をめがけて昇っていく。SpaceXのロケットは飛行中は白煙を噴かないから、炎がよく見える。大自然のなかでメラメラと光る炎は神秘的だ。未知の光景を目の当たりにして、どこか知らない世界にやって来たような気分になった。しばらくすると、バリバリッという音と振動が身体全体に伝わって来た。打ち上げというよりも、ロケットが大地を蹴って、地球を飛び出そうとしているみたいだ。あのロケットのてっぺんの宇宙船に若田さんやキキナさんたちが乗っている。

ロケットは爆弾を載せるとミサイルになる。そのミサイルでキーウの街は攻撃を受けたし、私の友人たちも街を離れなければならなくなった。でも使い方さえ間違えなければ、ロケットは人類を宇宙に連れて行ってくれる。やっぱり私はロケットも宇宙も好きだ。

打ち上げの後は記者会見が開かれ、ＮＡＳＡとＪＡＸＡ、ロスコスモスの関係者が登壇した。会見ではやはりロスコスモスに対してＩＳＳへの今後の参加方針について質問が出た。これに対してロスコスモスの担当者は、ロシアは独自の宇宙ステーションの構築を検討していて、それができるまではＩＳＳに参加し続けるつもりであることを説明した。ＩＳＳは２０３０年に退役し、翌２０３１年には大気圏に再突入させて廃棄することが決まっている。退役までに残された時間はわずかだが、これからもＩＳＳが平和の象徴であり続けてほしいと思う。

ＶＡＢから撮った打ち上げの写真を見返していると、隣に座っていた年配の外国人記者が私に話しかけてきた。

「もしかして、ＶＡＢの屋上に行ったのは君なの？　羨ましいよ」
「はい、ラッキーでした。でも私が行ったことがよくわかりましたね」

「すごく目がキラキラしているからね」

そんなことを面と向かって言われたら、さすがに恥ずかしい。でも伝えずにはいられなかった。カメラの画面を見てもらいながら隣の席の記者と話を続けた。

「打ち上げを見たら、やっぱり宇宙っていいなあって……」

コラム②

ロケットベンチャー大躍進

イーロン・マスクが率いるSpaceXは宇宙開発業界に新しい風を吹き込んだ。従来は使い捨てにするのが当たり前だったロケットの第1段ブースターを回収して繰り返し使うことで、ロケットの製造費を大幅に削減することに成功した。ロケットが地上に戻ってくる様子は圧巻だ（再使用ロケットは打ち上げの回数と頻度などによって、逆に割高になってしまう場合もある）。自社の通信衛星「スターリンク」と一緒に、小型衛星を相乗りさせて打ち上げるサービスも提供し、多いときには140機以上もの衛星を1回の打ち上げで宇宙に届けている。ただでさえ安い打ち上げ費用をさらに抑え、スタートアップ企業でも自社の衛星を打ち上げられるようになった。

そんなSpaceXに対抗するのは「Rocket Lab（ロケット・ラボ）」というベンチャー企業だ。ニュージーランドの機械加工メーカーで働きながら、独学で宇宙工学を学んだエンジニアのピーター・ベックが創業した。SpaceXの相乗り打ち上げの費用は安いが、乗合バスのようなもので、目的の軌道に衛星を届けるのには役不足だ。そこでタクシーのよう

Rocket LabのCEOピーター・ベック（左）とSynspectiveの代表取締役CEO新井元行さん（右）。調印式にて撮影。

に目的地まで連れて行ってくれるロケット・ラボの小型ロケットの需要が高まってきている。柔軟に調整する姿勢や、衛星の軌道投入の精度の高さなどのきめ細かいサービスが人気を集めている。

小型衛星の運用やその観測データを活用したサービス開発などを手がける日本のベンチャー企業「Synspective（シンスペクティブ）」は2024年6月に、ロケット・ラボのロケットで2025年から27年にかけて10機の衛星の打ち上げを行うことに合意したと発表した。10機の衛星の打ち上げは世界的に見ても大規模。ＣＥＯのピーター・ベックも来日し、都内で調印式が開催された。

余談だが、調印式には首脳会談のために来日していたニュージーランドのクリストファー・ラクソン首相も駆けつけた。ニュージーランドではロケット・ラボを起点に宇宙ビジネスが活発になり、政府も宇宙企業の支援に注力している。羊のほうが人口よりも多いニュージーランドに新たな産業を作り出したベックはシンプルにカッコいいと思う。

ベックは一体どんな人なのだろうか。1問でいいからベックに質問がしたい。調印式のあとのぶら下がり取材に参加してみたものの、ニュージーランドの記者たちは私よりもずっと背が高くて、背伸びをしても埋もれてしまう。しかも相手は英語が母国語だし、質問の瞬発力が違う。私が何か言おうとしてもニュージーランドの記者に「Can you explain!」がかき消されて、なかなかカットインできずにいた。結局ベックに声をかけることができたのは、ニュージーランドの記者たちが質問を終えて帰って行ったあとだった。日本の宇宙開発市場をどう捉えているかと聞くと、日本の衛星企業はほかにないユニークで画期的なミッションに挑んでいることが特徴だと話してくれた。挑戦的なミッションには、ロケットラボのような柔軟なサービスがマッチするのだろう。

一方、シンスペクティブから大型受注を得たロケット・ラボにメラメラと競争心を燃やす人もいた。2022年に創業したスタートアップ企業「将来宇宙輸送システム」は、再使用型ロケットによる小型衛星の打ち上げサービスの提供を目指している。2024年8月の記者説明会で、代表取締役の畑田康二郎さんは「10本まとめ買い契約をされていたのが悔しくて……」と語り、シンスペクティブにロケット・ラボの魅力はどこにあるのか、ヒアリングをさせてもらったことも明かした。

国内ではロケットベンチャーが続々と生まれている。将来宇宙輸送システムのほか、1章で紹介した「インターステラテクノロジズ」、飛行機のように翼がある再使用ロケットを開発する「SPACE WALKER（スペースウォーカー）」と「PDエアロスペース」、24年に2回小型ロケットを打ち上げた「スペースワン」、気球からロケットを空中発射して衛星を打ち上げる「AstroX」、JAXA発ベンチャー企業の「ロケットリンクテクノロジー」がある。ロケットのタイプも技術の系譜も事業戦略も様々だ。

政府は「スタートアップ育成5か年計画」の一環で、文部科学省は「中小企業イノベーション創出推進事業（SBIRフェーズ3）」という枠組みでロケットベンチャーの支援を始めた。条件は２０２７年度までにロケットの実証機を打ち上げること。まず23年に公募でインターステラテクノロジズ、スペースウォーカー、スペースワン、将来宇宙輸送システムの４社が採択され、最大20億円が交付された。27年度までに2回のステージゲート審査があり、２社まで絞られる。最後まで残ると最大で１４０億円が交付されることになっている。かつてないほど大規模な支援であり、注目を集めている。

選ばれる企業があるということは、当然ながら選ばれない企業もあるということだ。どの企業も幾度となく取材して記事を書いてきたから、思い入れがあるし、各社で頑張る人たちの顔が浮かぶ。23年に４社が採択されたときも、24年９月に１回目のステージゲート審査の結果が出たときも、ニュース記事を書きながらうれしいやら悲しいやら複雑な気持ちになった。特に１回目のステージゲート審査では４社から３社に絞られることになっていたが、４社とも甲乙つけ難く、どこが残るのか私には予想ができなかった。残念ながら次フェーズに進むことができなかったのは、スペースウォーカーだった。有翼式のロケットは飛行機のように水平に滑走路に着陸できる。パラシュートで減速しながら砂漠や海上に着地する宇宙船よりも、比較的穏やかに帰還できるという利点がある。まだ法的な課題は残っているものの、有翼式のロケットの開発企業が一社は残って欲しかった。きっと僅差で通過できなかったのだろう。なんだか私まで悔しくなり、敗者復活制度があればいいのにと思ってしまった。

後日、宇宙業界の関係者が集まる懇親会でスペースウォーカーの代表取締役ＣＥＯの眞鍋顕秀さんと顔を合わせると、やはりＳＢＩＲの採択結果が話題になった。眞鍋さんはもともと公認会計士で、スペースウォーカーを創業する前は宇宙に関心があったわけではなかったという。しかし知り合いからかかってきた「ロケット開発をしている大学教授が会社を作りたいそうで、50億円集めてほしい」という一本の電話を受け、３日後には東京からその教授がいる北九州に駆けつけた。その教授とは、スペースウォーカーの現ＣＴＯの米本浩一さんのこと。米本さんの話を聞いて「このビジネスは絶対勝てる！」と確信してスペースウォーカーを共同創業したという、熱意に溢れた、頼れる宇宙業界のアニキ的存在の人なのである。

スペースウォーカーは今回の採択結果を受けて、資金調達を計画し、成長のチャンスを模索しているという。悔しさをにじませながらも、次の挑戦に踏み出そうとする眞鍋さんをある人が「こういうときこそ組織が団結して強くなるんですよ」と励ました。打ち上げの失敗をはじめ、たくさんの苦労を乗り越えてきたその人の言葉には説得力と安心感があった。宇宙に挑む人々は、汗も悔し涙も全部推進剤にしてしまうのである。この話を聞いて、私はこれまでと変わらずスペースウォーカーの取材を続けながら、初飛行の日を楽しみに待っていようと思った。

第3章

夜を越えたその先に

宇宙業界に伝わる怖い話

Crew-5の打ち上げ成功の興奮がさめやらないなか、ケネディ宇宙センターの記者会見会場で不吉な噂を聞いた。

「次回のCrew-6の打ち上げを心配している宇宙飛行士もいるみたいですよ。ほら、6号機のジンクスって言うじゃないですか」

6号機のジンクス？　何それ？　帰り際だったから詳しくは聞けなかったが、どうやら6号機目のロケットの打ち上げは失敗することが多く、宇宙関係者の間で恐れられているらしい。完全無欠なイメージがある宇宙飛行士もこういう迷信を気にするのだとわかると少し身近な存在に感じられた。6号機というと、初打ち上げからしばらく経ち、オペレーションにも慣れてくる頃。中だるみによる事故を防ぐために誰かが作った脅しだろうと思った。

フロリダから帰国した翌週、２０２２年10月12日は衛星を載せた小型ロケット「イプシロン6号機」が鹿児島県・内之浦宇宙空間観測所から打ち上げられるのをオンライン中継で見守っていた。ロケットは空に飛び立っていき、順調に飛行しているように見えた。ところがＪＡＸＡのスタッフが突然「本日の打ち上げは中止となりました」と言うと、中継は打ち切られてしまった。イプシロンロケット、どうしちゃったの？

数十分後、イプシロンロケットは第3段エンジンが点火せずに、打ち上げは失敗したことがわかった。

日本の基幹ロケットの打ち上げ失敗のニュースに触れたのははじめてだった。というのも前回の失敗は２００３年のＨ－ⅡＡロケット6号機。私は小学3年生だった。当時は失敗に対して、世間からは厳しい目を向けられたそうだ。この一連の出来事を、私は大人になってから資料を読んで知ったので、「そういう時代もあったらしい」くらいに思っていたし、まさか基幹ロケットの打ち上げが失敗するかもしれないなんて考えもしなかった。

奇しくも今回のロケットは6号機。ケネディ宇宙センターで聞いた6号機のジンクスが頭をよぎった。今回はＪＡＸＡの衛星だけでなく、民間企業の衛星が初めて搭載された打ち上げだった。今後の受注獲得に向けた絶好のアピールチャンスであり、きっといつも以上に気合いが入っていただろうに。

ちょっと待って。今回は6号機だし、前回の失敗も6号機。背中がゾワッとした。ケネディ宇宙センターで聞いたアメリカに伝わる迷信が日本でも有効だったとは……。ちなみに、2023年2月に行われたCrew-6の打ち上げは成功した。さすがSpaceXだ。かたや1月にアメリカのロケットベンチャー「Virgin Orbit（ヴァージン・オービット）」がイギリスで初めて実施した打ち上げは失敗し、同社は経営破綻に追い込まれた。これも最初の打ち上げから数えて6番目。6号機のジンクスはただの脅し文句ではないのかもしれない。

宇宙業界関係者との飲み会で「6号機のジンクスって知っていますか?」と聞いてみると、「中だるみしてくるタイミングだからね」「生産ロケットが変わるからかも?」といった意見が出た。たとえ6号機を欠番にしても、6番目のロケットの打ち上げには効いてくるようなので、代わりにペットボトルのダミーロケットを打ち上げたらいいんじゃないかと冗談まじりに言う人もいた。

6号機のジンクスの発祥も気になるし、詳しく取材してみたい気持ちもあるけれど、怖

H3ロケット試験機の1号機。2月16日に撮影。

い話は得意じゃない。いつか怪談ライターと知り合う機会があれば、代わりに取材をお願いしてみたい。

打ち上げの成功と失敗

30年ぶりに日本の新しい大型ロケットが開発され、２０２３年2月に打ち上げられることになった。ロケットの名前は「Ｈ３」。Ｈ３ロケットの「Ｈ」は燃料の水素に由来している。これまでの日本のロケットはＨ－ⅡＡロケットなどローマ数字が使われていたが、Ｈ３ロケットは構造を抜本的に見直して開発されたため、アラビア数字が用いられている。

２０２３年2月17日、鹿児島県・種子島宇宙センターで試験機1号機（ＴＦ１）の打ち上げを現地で取材していた。

ベテランの記者や打ち上げの見学に来るファンのなかには「僕が来るときはいつも打ち上がらないんですよね（笑）」などと言い出す「ジンクスマン」がいる。また縁起でもないことを……。心配とは裏腹に打ち上げに向けた作業は順調に進んでいく。打ち上げの前日から、状況を確認しながら一定の時間ごとに作業を進めるか、やめるかを判断する「GO／NOGO判断」というものがある。打ち上げ10分前の最終GO／NOGO判断の結果は「ＧＯ」！　打ち上げの予定時刻が近づき、カウントダウンが宇宙センターに響く。ロケットの動きをカメラで追えるように、予行練習をしながら打ち上げを待った。上手く撮らなくちゃ。緊張でカメラを構える指が震えて来た。

「３・２・１、全システム打ち上げ準備完了、メインエンジンスタート！」

ついに打ち上げの瞬間がやって来た。ロケットから勢いよく白い煙が噴き出した。カメラのシャッターを切った。もう一度シャッターを切る。なんだか機体の上昇が始まるのが遅いような気がするけど、気にせずもう一度シャッターを切った。一瞬ってこんなに長かったっけ。きっと緊張しているときは、１秒が長く感じられるからだろう。続けてカメラのシャッターを切った。やっぱり機体の上昇が始まらない。気がつくと、場内は騒然としていた。

Ｈ３ロケットは第１段メインエンジンが起動した後に、制御機器が補助ブースターに着火信号を送出し、点火するとロケットが上昇し始める流れになっている。第１段メインエンジンは起動したものの、１段機体システムが異常を検知したため着火信号が送られず、補助ブースターは点火しなかった。つまり、直前で打ち上げは中止になったのだ。

その後の記者会見では、「打ち上げは失敗したのか？」と詰め寄る記者がいた。ロケットの仕事は衛星を宇宙に運ぶこと。そもそも今回は試験機だし、異常を検知して打ち上げが中止になったのは、ロケットが健全に動作して失敗を防いだと言える。

ＪＡＸＡのＨ３ロケット開発のプロジェクトマネージャー岡田匡史さんは次回の打ち上

げに向けて意気込みながら「失敗していたら、こんな気持ちになっていませんよ」とこぼした。

岡田さんはコミュニケーションを大切にする人だ。種子島にはH3ロケットの初打ち上げを見ようと大勢の見学客が集まっていた。当初、打ち上げは2月12日に予定されていたが、天候などの影響で2度延期して17日になった。打ち上げを見られないまま帰らなくてはならない人が、少しでも「種子島に来て良かった」と思えるように、見学客も利用できる宇宙センター内の食堂などで直接話す時間をつくっていたという。岡田さんは「皆さんをまた裏切ってしまったなという思いがかなり強くて……」と悔しそうな表情を見せた。

当日の時点では原因の究明や対策にどのくらいの期間がかかるのか読めず、私は一度東京に戻ることを決めた。

H3ロケットTF1の打ち上げ日は、3月7日に再設定され、私はオンライン配信で打ち上げの様子を見守ることにした。予定時刻を迎えると、第1段メインエンジンと補助ブースターは無事に着火し、ロケットは飛び立って行った。順調に飛行しているように見えたが、今度は第2段エンジンが着火しなかった。搭載していた衛星「だいち3号」を軌道に投入できる見込みがないことから、ＪＡＸＡは指令破壊信号を送出し、ロケットと衛星は海に沈んだ。つまり打ち上げは失敗したということだ。

記者会見にオンラインで参加して、その内容を速報記事にまとめていると、本当にだいち３号が無くなってしまったのだと実感が湧いてきて、悲しくなった。ロシアによるウクライナ侵攻でソユーズロケットが使えなくなり、世界的にロケットが不足している。ここでＨ３ロケットの打ち上げを成功させられれば、侵攻で打ち上げがキャンセルになってしまった衛星事業者も救えるかもしれないと個人的には期待していた。

だいち３号は発災時の状況把握などを担うはずだった。２０２４年１月１日に能登半島地震が起きたときは「だいち３号があれば、被災地の状況把握に役立てられたのに」と悔しく思った。Ｈ３ロケット１号機は試験機であったにもかかわらず、打ち上げが成功する前提で、だいち３号を搭載した判断の妥当性にも疑問の声が上がった。イプシロンロケット６号機に続く打ち上げ失敗で、日本の宇宙開発業界にとっては、終わりの見えない夜のように厳しい時期となった。

行ってらっしゃい、人工衛星

ここで人工衛星を身近に感じた取材のエピソードを紹介させて欲しい。

「人工衛星の出荷に興味はありませんか?」

よく記事を寄稿しているＷｅｂメディアの編集者から、こんなチャットが飛んできた。衛星の「出荷」というのは、完成した衛星を打ち上げに向けて、開発や組み立ての作業を行っていた場所から運び出すこと。小型の衛星を開発、運用しているベンチャーAxelspace（アクセルスペース）が製造した衛星をオフィスから運び出してトラックに載せるところを取材させてくれるのだという。……ニッチすぎる。宇宙オタクにしか読んでもらえない記事になるかもしれない。そう思いながらも、衛星がどうやって出荷されているのか知らないから見てみたいし、またとないチャンスだったので参加させてもらうことになった。

アクセルスペースは日本の宇宙ベンチャーのパイオニア的な存在だ。超小型衛星開発の権威である東京大学の中須賀真一教授の研究室出身の卒業生らが２００８年に立ち上げた。

出荷前の人工衛星「PYXIS」。©アクセルスペース

２０１３年に民間企業としては世界で初めての商用の超小型衛星を打ち上げた。「ほどよし1号」を開発したのもアクセルスペースだ。同社は２０２４年までに10機の小型衛星の打ち上げに成功している。地上の様子を撮影する地球観測衛星「GRUS（グルース）」をコンステレーション（衛星群）として運用し、衛星画像や解析したデータを提供してビジネスを支援するサービスなどを展開している。

さらに、アクセルスペースは海外のスタートアップ企業との協業をきっかけに、地表を向いているGRUS衛星のカメラの向きを変えて、宇宙空間にある物体の状況を確認する取り組みも始めた。地球観測衛星企業の領域にとどまらず、いつも新しいことに挑戦している会社だ。

今回、出荷を取材させていただくことになった衛星は、一品ものではなく汎用的な衛星システムをつくることで、衛星の開発にかかる期間を短縮しようとするアクセルスペースの新しい取り組みで開発された実証衛星「PYXIS（ピクシス）」だ。

東京・日本橋にあるアクセルスペースのオフィスにお邪魔すると、クリーンルームに、PYXISが鎮座しているのがガラスの壁越しに見えた。

白衣とヘアネットを着けた従業員が複数人で、PYXISに専用のケースに格納した。少し待つと、専門の運搬業者がやってきて、PYXISをクリーンルームからやや広いスペースに運び出し、保護材を被せていく。さらにラップのような透明のフィルムでぐるぐる巻きに。あっという間に梱包が完了した。PYXISはキャスターに載って運ばれて行く。エレベーターの扉も1階の入り口も、PYXISが通るにはこぶし1個分の隙間があるかどうか、本当にギリギリだったが、運搬業者のプロ技で無事に通り抜けられた。

PYXISをトラックに積んだ後、そばにいた運搬業者にこんな質問をしてみた。

「衛星の梱包と輸送で気をつけていることはありますか？」

「いや、普段と変わらないっすね」

拍子抜けしたような気持ちになった。宇宙というと特別感があるが、運搬業者からしてみれば、衛星もほかのものもお客さんから預かっている大切な荷物であることに変わりない。

PYXISが載ったトラックは、前後を黒いワゴン車に警護されながら、空港へと出発。アクセルスペースのPYXISの開発メンバーも集まり、出発を見送った。空港からは飛行機でアメリカに運ばれ、その後ロケットに載って宇宙へと飛び立っていった。出荷という普段はなかなか見られる機会がない場面に立ち会わせていただけたこともあり、なんだか秘密を打ち明けてくれた友達くらい身近で親近感があった。だから、打ち上げが成功して、最初の電波を無事に受信できたという情報が入ってきたときはホッとした。ただ、残念なことにPYXISはその後、電源が故障して、通信が途絶えてしまった。アクセルスペースはPYXISで得た経験をもとに、衛星システムの改良を行うという。

PYXISの出荷の密着取材のレポート記事を公開してみたら意外にも、これから宇宙ビジネスを始めようとしている実業家から「勉強になった」と言ってもらえた。取材した甲斐があったし、こういう記事も需要があるのだとわかった。快く取材の機会を作って、声をかけてくださったアクセルスペースの広報の皆さんにも感謝している。

ほどよし信頼性工学に学ぶ

この本を書こうと思い立ったのは2023年の春だった。それから仕事でかかわりがある出版社の編集者に売り込みを始めて、実際に書籍化が決まったのは2023年の11月。当初は夏休みに合わせて2024年6、7月頃の発売を目指して執筆するつもりが、ずるずると作業が遅れてしまった。大きなニュースがたくさんあったので忙しくて書けなかったというのは言い訳で、プレッシャーに負けてなかなか筆が進まなかったというのが本当のところだ。

本を出版することは、人工衛星を打ち上げることに似ていると思う。たとえばWebメディアに寄稿する記事なら、記事を公開したあとに続報があれば、内容を更新したり、追加でもう1本記事を寄稿したりすることもわりと簡単にできる。一方、本の場合は発売後に内容を書き換えられるとしたら、重版がかかったときくらいだろう。まるで一度宇宙に打ち上げたら、故障しても直せない衛星みたいだ。世界最高峰のハッブル宇宙望遠鏡が故障したときはスペースシャトルがドッキングして、宇宙飛行士が修理したことがあるけれど、それは超がつくほどのレアケース。本に例えるなら、時代を超えて愛されるベストセラーのようなものだ。そこまでいけば続編や新装版を出せるかもしれないけれど、そんなことができるのは一握りの人だけ。数年後も色あせず、手に取ってくれた人に何回も読み返してもらえるような本を一発で書き上げなくちゃ。そう思えば思うほど、何をどうやって書けばいいのかわからなくなった。２００字くらい書いたら、「きっとこんなのじゃダメだ」と消して、また書いては消しての繰り返しだ。このままじゃ何年かかるかわからない。

そんなとき、取材先で聞いた衛星のトレンド紹介で「ほどよし」という日本の衛星を思い出した。この衛星の名前は「ほどほどでいいじゃないか」という発想がもとになっている。従来の衛星は重さが数トン規模で、開発に長い年月がかかり、ロケットでの打ち上げにも膨大な費用がかかっていた。そうやって打ち上げられた衛星は、数年から長いときは

20年もミッションをこなす。故障が起きては困るので「念には念を入れて」開発するのが常識だった。かたや、ほどよしは目標を達成するために十分ならそれでいい。たとえ不具合が起きたとしても、衛星が壊れてしまわないようにしようというコンセプトのもとでつくられた、従来の衛星よりもずっと小さい60キログラム程度のシンプルな小型の衛星だ。とはいえ、ほどよしを侮ってはいけない。当時は世界でほとんど例がないほど高い解像度で地上の様子を鮮明に撮影し、それをしっかりと地上に届けてくれた。この考え方は東京大学の中須賀真一教授らが提唱し、「ほどよし信頼性工学」と呼ばれている。今では多くの民間企業の衛星開発の現場で取り入れられている。

ああ、これだ。「ほどよし」でいこう。伝えたいこと、つまり宇宙ライターの仕事の楽しさとか魅力を表現できればそれでいい。もちろん誤った内容や誰かを傷つけるようなことを書いてしまったらいけないけれど、別に崇高な文章は必要ないな。そう思うと、肩の荷がおりて、筆が進むようになった。ありがとう、ほどよし。宇宙開発には知恵とノウハウが詰まっていて、学ぶことがまだまだたくさんある。

宇宙船を編む

　ある日の取材の帰り道、スマホに知らない番号から着信があった。しかも2回も。ちょうど電車に乗っていたので、降りてから折り返そうと思っていたら3回目の着信が来た。これは怒られ案件かもしれない……。原稿の〆切をすっぽかしてしまったか、何か原稿にミスがあったのかも。あわてて次の駅で電車を降りて、恐る恐る折り返してみた。すると、聞こえてきたのは馴染みのある声だった。

「野口ですけど〜」
「ええ！」

　電話の向こうにいたのは宇宙飛行士の野口聡一さんだった。思わず大声が出た。「野口」はよくある名字だが、下の名前や所属を聞かなくてもすぐにわかった。実はこの日は、野口さんのインタビュー取材をしたのだが、まさかご本人から直接連絡をいただけるとは夢にも思っていなくて、名刺に書いてあった電話番号はまだ登録していなかった。

野口さんは3回の宇宙滞在の経験があるベテランの宇宙飛行士だ。２０２０年にはアメリカ人以外で初めてクルードラゴン宇宙船 運用初号機（Crew-1）に搭乗し、ＩＳＳに約半年間滞在した。ＩＳＳと地上をつないで行われた記者会見では論語を引用して思いを話したり、ＩＳＳで荷物を運ぶ様子を「はたらくおじさんたち」と題してYouTubeで公開したり……。野口さんが宇宙で書いた詞をシンガーソングライターの矢野顕子さんが弾き語った14曲を収録したアルバム『君に会いたいんだ、とても』もリリースされている。どれも素敵な曲だけれど、私はＩＳＳで育てた野菜への思いをうたった「愛しい野菜」が好きだ。手間をかけて野菜を育てたのに、いとおしく感じられて食べれなくなってしまう様子を綴った詞を聴くと、宇宙での暮らしが思い浮かぶ。宇宙飛行士に選ばれる人はそれぞれいろんな才能や個性を持っているけれど、地上にいる私たちにもこんなに宇宙を満喫させてくれる宇宙飛行士はいないと思う。私は野口さんの大ファンだ。

そんな野口さんは２０２２年6月にＪＡＸＡを退職した。一般的な定年退職の時期までにはまだ時間的な余裕があったが、宇宙飛行士の経験を生かして新しい挑戦を始めることを決めたという。記者会見では「ＪＡＸＡとＮＡＳＡには25年間いたので、宇宙飛行士室が心地良い空間になっていたのは確かですけれども、心地良いまま終わるよりは、厳しい民間の世界に出て行ってもう一度揉まれてみる体験をするには非常に良い時期かなと思いました」と語っている。現在は大学の特任教授やシンクタンクの理事、宇宙ステーションの開発を手掛けるベンチャーの顧問などを務めている。

野口さんからの電話の用件は、仕事の相談だった。取材のあとに私の記事を読んで声をかけてくださったそうだ。もちろん喜んで引き受けた。「光栄です」という言葉は、こういうときに使うのだと思った。

振り返ってみると、これまでに書いた宇宙の記事は１０００本。上京してきてから仲良くしてくれる友達や先輩のほとんどは、取材や仕事を通じて知り合った人たちばかりだ。新聞社にも出版社にも属していない、ただ宇宙が好きなだけのフリーランスのライターという怪しまれそうな身分でありながらも、なんとか仕事を続けることができている。会社を辞めて宇宙ライターとして独立したときは、ダメだったらすぐに就職先を探そうと転職サイトに登録していたのが懐かしい。嬉しいことに、仕事の相談をいただくときは「〇〇の記事を読んでお願いしました」と言ってもらえることが多い。自分が書く文章が大樹町にも種子島にもフロリダにも連れて行ってくれるし、そこで想像を超える素敵な出会いがある。私は原稿を書きながら、宇宙船を編んでいるのかも。そう思わされた出来事だった。

宇宙旅行に行きたい？

「無重力は一度体験すると人生観が変わりますよ！」
「そうそう。井上さんもやってみたら？」

宇宙関係者が集まる懇親会で、尊敬してやまないフリーランスの宇宙ライターの大先輩の林 公代さんと大貫 剛《つよし》さんと話していると、「パラボリックフライト」の話題になり、私にも勧めてくださった。パラボリックフライトとは、航空機が放物線を描くように飛行して急上昇と急降下を繰り返すことで、地球にいながら、身体が重力から解放される体験ができるというもの。宇宙飛行士も訓練の一環でパラボリックフライトに参加する。重力が小さな環境でしかできない科学実験の実施にも使われている。

林さんは宇宙と天文分野の取材を30年以上続けている宇宙ライターだ。林さんが書く記事は、開発秘話や携わる人びとの思いまで丁寧に取材して書いてあるから、読んでいてすごく楽しい。Webで公開されている林さんの連載コラム「読む宇宙旅行」は中高生の頃からずっと読んでいたから、はじめて記者会見で見かけたときは、思わず「本物の林さんだ！」と思ってしまった。林さん曰く、パラボリックフライトは重力と常識から解放される感じがいいらしい。林さんのおすすめなら、私もパラボリックフライトに参加しなくちゃ。

大貫さんもベテランの宇宙ライターだ。パラボリックフライトで無重力状態になっている間に指輪を交換する「無重力結婚式」を挙げる実験を、国内ではじめてやったことでも宇宙業界で知られている。パラボリックフライトは安くても数十万円はかかるし、何か人生の記念のタイミングで参加するのもいいなあと思っている。

パラボリックフライトはそう遠くないうちに体験するとして、やっぱり私は宇宙から地球を見てみたい。宇宙で地球の美しさやはかなさを実感すると、環境への意識や人生観が変わる体験は「オーバービュー効果」と呼ばれる。たとえば、２０２１年12月に国際宇宙ステーション（ＩＳＳ）に12日間にわたって滞在した、ＺＯＺＯ創業者の前澤友作さんは帰還後にXでこう述べている。「世界中の偉い人たちが宇宙に行って、宇宙から地球を見ながら国際会議みたいなことをしたら、地球上はもっともっと優しくなると思った。平和になると思った」と述べている。このポストを見た当時は、それが実現したらいいなと思ったが、翌年にロシアによるウクライナ侵攻が始まってからは、考えが変わって、戦争を体験したことがない人が言うきれい事だと思うようになった。戦争を仕掛けてくるような人たちは、地球の美しさを目の当たりにしたら、全部を独り占めしたくなって、平和に近づくどころか戦争が一層激しくなるかもしれない。今はそう思っているけれど、そんな懸念と不安が覆されるような体験がしてみたい。

現在、宇宙飛行士ではない民間人が宇宙に行ける見込みがあるのは、今のところは高度１００キロメートル程度まで上昇して微小重力環境を数分間体験できる「サブオービタル飛行（予算：数千万円）」か、前澤さんも行った「ＩＳＳ滞在（予算：数十から数百億円）」のどちらかだろう。

スカパーＪＳＡＴの調査によれば、人生で1回は宇宙に行ってみたいと思う人の割合は

４３・９％。１週間の宇宙旅行に行ってみたいと思える上限金額は平均２３０万円。２００万円以上でも行ってみたいと答えた人は、全体のわずか１・１％だ。飛行の機会が増えても、価格が下がらなければ宇宙旅行に行ける人は一握りだ。そういう意味では前澤さんのＩＳＳ滞在は、日本は世界有数の気前のいいお客さんを逃してしまい、惜しいことをしたと思う。もしも日本に有人宇宙飛行ができるロケットと宇宙船があれば、日本からの出発と帰還を選んでもらえたかもしれないのに。

いつか地球の姿を自分の目で見るための方法として、技術的にもコスト面でも一番有力だと思っているのは、高度20～30キロメートル付近の「成層圏」に気球につるしたキャビンで行く、〝宇宙の入り口〟への旅行（予算：１８００万円以上）だ。無重力は体験できないが、丸みを帯びた地球をゆったりと眺められるのが魅力だ。

こうした気球で行く遊覧旅行サービスの提供を目指しているのは、実はスタートアップ企業だ。アメリカの「Space Perspective（スペース・パースペクティブ）」は、船内の装飾や照明にこだわり、お酒を楽しむことができるバーラウンジもある豪華な作りになっているのが売りだ。乗客８人とパイロットが乗れるようになっているので、家族や友達と一

岩谷技研の気密キャビン。大きな窓からは視界いっぱいに宇宙の景色が楽しめそうだ。

緒に楽しめるのもいい。

日本では旅行代理店ＨＩＳがSpace Perspectiveと販売権契約を結んでいるため、日本語の専用サイトから予約ができる。機体はまだ開発中だが、２０２４年9月に無人飛行試験で高度30キロメートルに到達し、まもなく商業フライトが開始すると見られている。２０２４年現在は、25年分のフライトはすでに完売。26年以降のフライトが一人あたり12万５０００ＵＳドル（1ドル＝１５０円換算で１８７５万円。別途、フライトの時期によって異なる申込金がかかる）で販売されている。

日本では、風船を使った宇宙撮影で知

られる発明家の岩谷圭介さんが創業した「岩谷技研」が気球による成層圏への遊覧サービスの提供を計画している。フライトは全部で約4時間。2時間かけて成層圏まで上昇し、1時間遊覧する。その後1時間かけて地上に戻ってくる。

料金は一人あたり２４００万円を想定。有人飛行試験で成層圏への到達も成功していて、こちらも商業フライトがまもなく開始すると見られている。なお、フライトの予約については、23年に5名の搭乗希望者を募集したが、今後の追加募集についてはまだ明らかになっていない。

Space Perspectiveはアメリカ・フロリダからの発射だったのに対して、岩谷技研は国内から出発できる。一方で、岩谷技研のキャビンは乗客やパイロットの2人乗り。２０２3年2月の記者発表会でキャビンの実機に試乗する機会をいただいた。十分な広さがあってゆったりと過ごせそうだし、窓が大きくて景色も楽しめそうだ。でも、やっぱり家族や友達と一緒に乗れないのは寂しくなりそうだとも思う。岩谷技研は将来的に大型の気球と6人乗りのキャビンを開発する計画を発表していて、さらに価格を１００万円台まで落とせるのではないかと見込んでいる。そこまで下がると、今度は予約が殺到してしまいそうだ。上手くタイミングを見計らって予約したいものだ。

日本人が月に降り立つ日

成層圏遊覧にはカメラを持っていこうとか、Ｗｉ－Ｆｉがつながるなら友達にテレビ電話をかけようとか、やってみたいことが思い浮かぶ。一方、月面は少し難しい。

「月面って何にもないんでしょ。それなら地球にいたいな」

「コンビニもないし、絶対に不便だよね」

友達と話していても、月面旅行はそこまで注目されていないことがわかる。アポロ計画でＮＡＳＡの宇宙飛行士がはじめて月面に降り立ったとき、世界で5億人がテレビ中継に釘付けになったらしい。アポロ計画で月から持ち帰ってきた月の石は、１９７０年の大阪万博の展示の目玉になり、３時間待ちの行列ができたそうだ。アポロ計画は当時の人びとを熱狂させた。でも、月は行ったところで何ができるのか、まだあまりイメージが湧かない。月の重力は地球の6分の1だから、理論上は月面では地球の6倍も高くジャンプでき

JAXAの相模原キャンパスにある宇宙探査実験棟　宇宙探査フィールド。

る。楽しそうだけれども、何回か試して「こんなものか」とわかったら飽きてしまいそう。

そう思っていたけれど、百聞は一見にしかず。実際に見てみると変わった。

「月面ってこんなにきれいだったんだ」

２０２３年1月、宇宙飛行士候補者の選抜試験の舞台となったＪＡＸＡの施設「宇宙探査フィールド」に取材で訪れた。約４００トンの砂と人工太陽光照明灯が設置されていて、「模擬月面」を作り出している。一面に広がる砂に残る足跡の影がつくり出す光景に息をのんだ。

砂を吸い込んでしまわないように、マスクと防塵服を身に着けたスタッフが砂の上を歩いてみせた。防塵服は遠目から見ると宇宙服に似ていて、月面に降り立った宇宙飛行士を見ているような気分になった。ここに基地ができるなら、どんなかたちになるんだろう。そこで宇宙飛行士たちはどんな暮らしを送るんだろう。外に大きなオブジェを建てたら、幻想的な写真が撮れるだろうな。いろいろな想像が駆け巡った。


宇宙探査フィールドは、普段は探査ロボットの試験などに使われている場所だが、このときは宇宙飛行士候補者の選抜試験で使われた。選抜試験の途中経過を報告する目的で、ＪＡＸＡが報道向けに公開した。

ＪＡＸＡは２０２２年から23年にかけて宇宙飛行士候補者の募集を13年ぶりに実施した。これまでの宇宙飛行士候補者はＩＳＳ滞在を想定して採用されていたが、このときは有人月面着陸を目指す「アルテミス計画」が進んでいることを踏まえて、日本人として初めて月面に降り立つミッションを任される可能性があることが前提となっていた。

このときの宇宙飛行士候補者の募集は13年ぶりだったこともあり、募集要項が大幅に緩和されたことでも話題になった。たとえば、前回は自然科学系、つまり理系の大学を卒業していることが条件となっていたが、学歴は不問になった。身長は１５８センチメートルから１９０センチメートルが条件だったが、宇宙船が改良されたことなどにより１４９・５センチメートルから１９０・５センチメートルに緩和された。日本史に残る月面ミッションへの参加で得た経験を世界中の人々に伝える「発信力」が求められるようになったことも新しかった。

こうした募集要項の緩和の効果もあって、応募総数は前回の４・３倍で過去最大の４１２７名となった。そこから書類選抜、英語、一般教養、ＳＴＥＭ（科学・技術・工学・数学）分野、小論文試験を行う第０次選抜、医学検査や宇宙飛行士に求められる空間認識能力などを評価する第１次選抜、運動機能を測定する検査や面接試験などの第２次選抜が行われた。第２次選抜までで候補者は10人に絞られた。取材で知り合った人も数人、選抜試験を受けていると聞いていた。優秀で熱意もある宇宙飛行士にぴったりな人たちだと思っていたが、知り合いは誰も残らず、狭き門であることを痛感した。

第３次選抜ではいよいよ10人から若干名の宇宙飛行士候補者を選ぶ。まずは筑波宇宙センターの閉鎖環境適応訓練設備で約6日間、外部から隔離され、試験官から監視されながら共同生活を送る試験が行われた。閉鎖環境での試験は、漫画『宇宙兄弟』でも主人公らが挑戦する様子が描かれている。

続いて探査フィールドで行われたのが、月面を模した試験だ。選抜試験の受験者たちは、チームごとに月面を探査する小さな車（ローバー）をつくり、遠隔操作で宇宙探査フィールドを走らせた。そのあと防塵服を着て模擬月面に立ち、「はじめて月面に降り立った宇宙飛行士の記者会見」という設定で体験を英語でプレゼンテーションする試験が行われた。

JAXAの担当者はこの試験の狙いについて「受験者があたかも月面に降りたかのような具体的なイメージを持ってもらうために、月面を模した砂場で模擬体験をしていただきました」と説明した。探査フィールドでの試験の後は、アメリカ・ヒューストンにあるNASAのジョンソン宇宙センターでも試験が行われたという。

2023年2月28日、記者会見でついに宇宙飛行士候補者が発表された。受付開始の30分前には会場に着いていたのに、これまでに見たことがないほどたくさんの報道関係者がすでに長い行列を作っていた。やってしまった。これじゃ前のほうの席は取れないかも…

宇宙飛行士候補者に選ばれた米田あゆさん（左）と諏訪理さん（右。オンラインで参加）

…。そう思っていたけれど、私の一つ前に並んでいた顔見知りの記者さんが「行くよ！」と声をかけてくださり、着いていくと最前列の席を取ることができた。

選抜されたのは、世界銀行で上級防災専門官として勤務していた諏訪 理さんと、日本赤十字社医療センターで外科医として勤務していた米田あゆさんの2名。特に米田さんは私と同学年だとわかり、個人的にも嬉しくなると同時に、「同学年の人が宇宙飛行士に選ばれるなんてすごい！」という尊敬の気持ちも湧いてきた。

記者会見の質疑応答タイムは多くの記者が手を挙げていたが、運よく私も当ててもらうことができた。諏訪さんは大学院では、南極やグリーンランドの氷から昔の気候を復元する研究をしていたという。その観点から月面ミッションのどんなところにワクワクするのかを聞くと、こんな回答があった。

「月と将来的には火星の気候がどういうふうに進化したのかを知ることで、地球に生命がいる理由をより深く知ることができます。月を知ること、そして火星を知ることはその天体を知ることであると同時に、私たちの地球を知るということでもあると思っています」

諏訪さんの話を聞くと、これから月面で行われていく探査のことや、そこでの宇宙飛行士の暮らしを取材してみたい気持ちがより一層強くなった。

その後、諏訪さんと米田さんは宇宙飛行士候補者として基礎訓練を受け、2024年10月に宇宙飛行士として認定された。

日本とアメリカの政府間では、少なくとも2人の日本人宇宙飛行士が、早ければ2028年に月面に降り立つことが合意されている。最初に月面に行く宇宙飛行士は新しく選ばれた2人になるのか、あるいはこれまでもＩＳＳ滞在などで活躍している宇宙飛行士になるのか、決まるのはこれからだ。

ただ、日本人宇宙飛行士の月面着陸を見据えた訓練はすでに始まっている。たとえばヨーロッパ宇宙機関が実施する地質学の知見を身につける「パンゲア訓練」に日本人宇宙飛行士も参加している。日本人が月に降り立つ日は着実に近づいて来ている。

コラム③

アポロ計画からアルテミス計画へ

日本も参画している「アルテミス計画」とは、NASAが主導する有人月面着陸と将来の有人火星探査に向けての取り組みの総称である。人類がはじめて月面着陸を果たしたアポロ計画はギリシャ神話に登場する太陽神「アポロン」にちなんでいたが、アルテミスはアポロンの双子のきょうだいの月の女神の名前に由来している。

そもそもアポロ計画とは、1950〜70年代にかけてアメリカと旧ソ連が繰り広げていた宇宙開発競争で発展していった取り組みだ。1957年10月、技術的に劣っていると考えられていたソ連が、アメリカは実現してロケットによる人工衛星の打ち上げを世界ではじめて成功させ、アメリカではいわゆる「スプートニク・ショック」が起きた。さらに1961年4月には、ソ連が宇宙飛行士ユーリ・ガガーリンを乗せた宇宙船を打ち上げ、世界初の有人宇宙飛行を成功させた。アメリカは衛星の打ち上げに続き、有人宇宙飛行もソ連に先を越されてしまったのだ。

当時のジョン・Ｆ・ケネディ大統領は、宇宙実験室、有人月周回旅行、無人月面着陸ロケット、有人月面着陸ロケットのうち、ソ連よりも先に達成できる可能性の高い計画を回答するように指示し、取り上げられたのが、のちにアポロ計画と名付けられる有人月面着陸計画だった。そしてアメリカは紆余曲折《うよきょくせつ》がありながらも、１９６９年にアポロ11号で世界初の有人月面着陸を果たした。この後アメリカは72年までに5回の月面着陸を行い、12人の宇宙飛行士が月面に降り立った。しかし、冷戦が終結すると、アメリカの宇宙予算は削減され、アポロ17号を最後にアポロ計画は終了した。

アルテミス計画が生まれた背景には、中国の台頭が関係していると考えられている。中国は旧ソ連とアメリカに次いで、有人宇宙飛行と無人機による月面着陸を達成した。さらに２０２２年には独自の宇宙ステーションを建設した。並行して中国は、月探査を行う嫦《じょう》娥《が》計画も着々と進めた。当初はアメリカと旧ソ連が冷戦時代に成功させた取り組みをなぞっているかのように見えていたが、月面に研究拠点を建設する構想を発表するなど、少しずつアメリカを追い越す日が来ることが現実味を帯び始めた。

かたやアメリカは、スペースシャトルが退役して、ＩＳＳへの宇宙飛行士の輸送はロシアのソユーズロケットに頼りきり。まるでスプートニク・ショックのときのように、後れをとっているというプレッシャーがかかっていた。アメリカの宇宙開発分野でのリーダーシップを取り戻すことを宣言。2017年12月にトランプ大統領が「宇宙政策指令第1号」に署名し、のちの「アルテミス計画」が正式に決まった。

有人月面着陸までのステップは、アルテミスⅠからⅢまでの3つで構成されている。アルテミスⅠでは無人のオリオン宇宙船を地球から月まで往来させる無人飛行試験、アルテミスⅡは4人の宇宙飛行士を乗せてオリオン宇宙船を往来させる有人飛行試験、そしてアルテミスⅢで有人月面着陸を行う。さらに月を周回する宇宙ステーション「ゲートウェイ」も構築する。アルテミスⅠは2022年に完了した。オリオン宇宙船の耐熱シールドが地球の大気圏再突入時に想定以上にダメージを受けていたことがわかり、その対応のためにNASAはその後の打ち上げスケジュールを延期した。アルテミスⅡは26年4月、アルテミスⅢは27年半ば以降に実施される見込みだ。

アポロ計画と比べたアルテミス計画の特徴は、月と月面での持続的な活動の維持を目指すこと、国際的・商業的なパートナーとの連携の強化を図っていることの2つが挙げられる。たとえば、月を周回する宇宙ステーション「ゲートウェイ」の建設には、アメリカのほかに日本、カナダ、ヨーロッパ、アラブ首長国連邦が参画している。商業的なパートナーは、NASAは観測機器や実験装置などの荷物の輸送を民間企業に有償で委託する「商業月面輸送サービス（CLPS）」を実施している。CLPSの入札資格を持つ企業と団体のなかには、日本のベンチャー「ispace（アイスペース）」が参加するチームも含まれている。

こうしたなか、月面でのビジネスに勝機を見出して創業するスタートアップ企業も増えている。取材していて特に印象に残っているのは、ルクセンブルクの「Maana Electric（マーナ・エレクトリック）」だ。月面を覆っている砂・レゴリスからシリコンを抽出して、太陽光電池パネルを製造する技術を開発している。この技術を用いて、地上の砂漠の砂から太陽光電池パネルを製造する取り組みも行われている。

アメリカを中心とするアルテミス計画陣営に対抗するように、中国は「国際月面研究ステーション（ILRS）」の建設を目指している。世界に参画を呼びかけており、これまでにロシア、ベネズエラ、南アフリカ、アゼルバイジャン、パキスタンなどが参画を表明した。中国の友好国が参画していたが、徐々に宇宙開発に関心を持つ団体や機関が参加し始めているように見える。そして、インドの存在感も見過ごせない。２０２３年に無人月探査機「チャンドラヤーン３号」を打ち上げ、世界で４カ国目に月面着陸を成功させた国となった。インドは有人宇宙船を開発しており、25年までに宇宙飛行士を地球低軌道へ送り込む計画だ。さらに35年までに独自の宇宙ステーションを建設し、40年までに同国初の有人月面着陸を目指している。

日本は２０２４年１月にＪＡＸＡが探査機「ＳＬＩＭ（スリム）」の月面着陸を成功させた。無人での月着陸に成功したのは旧ソ連、アメリカ、中国、インドに続く５カ国目。詳しくは、あとで紹介するがＳＬＩＭはただ着陸させただけでなく、従来は数キロから数十キロメートルあった着陸地点の誤差を１００メートル程度にまで縮める技術を実証した。この技術により、月のクレーターへの落下を防ぎ、太陽光が当たる限られた区域にも着陸できる。さらに、ＪＡＸＡとトヨタ自動車は、２人の宇宙飛行士が１カ月間移動しながら生活できる探査車「ルナクルーザー」を開発している。従来の探査車は宇宙飛行士が宇宙服を着たまま乗り込んでいた。ルナクルーザーは与圧されていて、宇宙服を脱ぐことができる「動く月面ホテル」だ。広さは４畳半ほどだが、宇宙飛行士たちがリフレッシュしたり、パーソナルスペースを保ったりできるよう、車内のデザインにもこだわって開発が進められている。日本は他国と比べると宇宙分野の予算は限られているものの、ＳＬＩＭやルナクルーザーのようにユニークで、痒いところに手が届く技術の開発に定評がある。

２０２４年７月には、政府が10年間で１兆円を投じて民間企業や大学の宇宙分野の技術開発を支援する「宇宙戦略基金」の公募が始まった。宇宙分野に限った支援事業としては、これまでにない長期かつ大規模な支援であり、大きなインパクトをもたらすと期待されている。こうしたなかで、日本は痒いところに手が届く技術の開発をさらに伸ばしていければ、月面探査や開発でも存在感を発揮していけるだろう。

日本一の「スナバ」から月面へ

取材や打ち合わせのときは少し早く来て、近くのカフェで作業するのが好きだ。満員電車には乗りたくないし、通勤ラッシュ時間を避けて取材先・打ち合わせ先に向かう。集合時間までの30分とか1時間は集中できるし、原稿がめちゃくちゃ捗る。もちろん、PCの画面には覗き見防止フィルターを貼るなど、取材した情報の取り扱いには細心の注意を払っている。

ある日、取材で自宅がある横浜から鳥取砂丘コナン空港にやって来た。空港内でカフェを探すと「すなば珈琲」があった。『月曜から夜ふかし』で話題になっていたカフェだ。鳥取県はスターバックスがない唯一の県として話題になっていた。これ対して、鳥取県知事の平井伸治さんが「スタバはないが、日本一のスナバ（砂場＝鳥取砂丘）はある」と発言し、SNSを中心に一躍話題に。知事の発言がきっかけとなって2014年にすなば珈琲が誕生した。これが噂のすなば珈琲！　サンドイッチとオレンジジュースを頼んだ（名物は鳥取砂丘の砂で焙煎した「砂焼きコーヒー」。私は黒い飲み物が苦手でコーヒーが飲

ルナテラスで披露された、ブリヂストンによる月面探査用タイヤの走行試験の様子。

めない）。

この日、２０２３年7月7日は鳥取県と鳥取大学が鳥取砂丘を月面に見立てた「鳥取砂丘月面実証フィールド（愛称・ルナテラス）」を開設するにあたり、オープニングセレモニーを実施すると聞いて取材に来た。10万年以上の歳月をかけてできた鳥取砂丘のきめ細かい砂や起伏に富む地形は、実は月面によく似ていると考えられているそうだ。ルナテラスが開設されるきっかけとなったのは、民間企業として初の月面着陸に挑戦したスタートアップispaceが、２０１６年に月面探査レース「Google Lunar XPRIZE」

の参加チーム「HAKUTO」として、当時開発していた小型の月面探査車の試験を鳥取砂丘で実施したことだった。鳥取砂丘は中心部が国立公園になっているため、車両の乗り入れに規制がある。そこでルナテラスが整備されることになったという。

ルナテラスは全体面積で０・５ヘクタール。23メートル×50メートルの斜面ゾーンと、10メートル×１００メートルの平面ゾーン。さらに利用者が自由に掘削・造成可能な45メートル×50メートルの自由設計ゾーンからなる。奥にある斜面は月面探査の関係者のアドバイスを取り入れて、月面に近い５～20度の傾斜を付けたそうだ。月面実証フィールドといえばＪＡＸＡの宇宙探査フィールドもあるが、屋内であるため天候の影響は受けないが、広さには限りがあり、大型機器の実証試験の実施は難しいという。

砂丘を歩くと、足がどんどん砂に埋もれていった。月面の砂はさらさらとしていて、探査車は普通のタイヤではすぐにスタックしてしまうという。オープニングセレモニーのあとは、月面探査車両開発中の大手タイヤメーカー・ブリヂストンがプロトタイプの走行試験を披露した。試験を重ねて実験データを溜めながら、タイヤの改良を続けている。

平井知事は「スナバが本当に素晴らしいフィールドになりました。これで月まで行けるわけですから、ツキ（月）が出てきたということです」と得意のダジャレを交えて語った。ルナテラスで試験を行った探査機や製品が本当に月に行く日もそう遠くなさそうだ。

ルナテラスが呼び水となり、鳥取に拠点を置く宇宙ベンチャーも登場している。月面探査車を走らせる学生向けのコンテストも開催された。アルテミス計画に向けて、月面関連の技術開発が盛り上がるなか、アイデア次第で誰もが宇宙にかかわれる時代がやって来た。

月と花粉症

「今年の春は花粉の飛散量が例年よりも多くなると予想されています」同じことを毎年聞いているような気がする。友人が鼻をすすりながら言った。

「月には花粉とかないんだろうね。いいなあ」

「そういうわけでもなさそうだよ」

確かに月にはスギもヒノキもブタクサも生えていない。何か植物を持って行って育てるなら、はじめは野菜だとか食べられるものにするだろう。当面は人類を苦しめる花粉は月にはない。しかし月はクリーンルームじゃない。アポロ時代の宇宙飛行士はレゴリスを吸い込んでしまい、花粉症のような症状を引き起こしたと報告されている。月には月のアレルギーがあるかもしれないというのだ。私たち人類は宇宙に行っても花粉症からは逃れられそうにない。

私は子どもの頃に花粉症になってから毎年鼻づまりとくしゃみに悩まされてきた。ところが留学先に行くと症状が止んだ。花粉を気にしなくていい生活は快適だ。花粉症は体内に蓄積された花粉の量が許容量を超えると発症するというから、そろそろまた発症してしまうのではないかとビビっている。今年——２０２４年は取材の予定が目白押しだ。鼻をすすっていたら、風邪と間違えられてしまうかもしれないし、かかるわけにはいかない。

24年の春の大事な取材のひとつは、ＪＡＸＡが前年9月に打ち上げた月面探査機「ＳＬＩＭ」の着陸だ。宇宙開発に参入する国は増えたが、探査機や宇宙船を月面に着陸させる技術を持つ国はわずか。成功すれば、旧ソ連、アメリカ、中国、インドに続く史上5カ国目、国内初の快挙となる。

世界5カ国目というと、中国やインドに先を越されているし、出遅れたかのような印象を受けるかもしれない。しかしそんなことはないと私は思う。従来の月面着陸の精度は数キロメートルから十数キロメートルだったのに対して、ＳＬＩＭは１００メートル以内の精度で狙った場所に「ピンポイント着陸」する技術の実証を目指す。「ＳＬＩＭ」という名称は「Smart Lander for Investigating Moon」日本語に訳すなら「賢い月面探査着陸船」の頭文字から取っている。機体がほっそりとしているわけじゃない。搭載されているカメラで月面を撮影し、その画像と月面の地図とを照合して自分の位置を測定して、目的地に近づく。とても頭がいい探査機だ。ピンポイント着陸があれば、探査機や宇宙船が月面のクレーターへ落下するのを防げる。さらに、月極域で水資源の探査を行う場合にも、狙ったところに降り立つピンポイント着陸技術は重宝されるはずだ。

ＳＬＩＭの着陸予定時刻は２０２４年1月20日午前0時20分。着陸後の記者会見は夜中に開催される。探査機の着陸は日本の労働時間には合わせてくれない。0時を超える夜中の取材も実は結構ある。２０２３年4月に日本のスタートアップ企業ispaceが月面着陸に挑戦したときも取材は日付をまたいだ（ispaceがはじめて打ち上げた着陸船は直前に不具合を起こし、月面着陸に失敗した）。記者会見のあとは始発電車が動くまで速報記事の原稿を書くか、仮眠を取れるように会場の近くのビジネスホテルを予約しておくと便利だ。

着陸予定時刻のおよそ3時間前、1月19日21時半、ＳＬＩＭの管制室があり、記者会見が行われる会場となっているＪＡＸＡの相模原キャンパスにやってきた。受付開始よりも少し早く来たはずなのに、会場の前にはすでに大勢の報道陣が列を作っている。日本初の月面着陸となると、普段の宇宙関連のニュースよりもずっと注目度が高いのは言うまでもない。私も列に加わり、予定稿を書きながら会場が開くのを待った。

会場はちょっとしたお祭りというか、学校の文化祭のような雰囲気が漂っていた。ＳＬＩＭに相乗りして月面に向かった小型ロボット「SORA-Q」の展示と操作体験コーナーが賑わっていた。奥には、ＳＬＩＭが地球を出発してから月面に着陸するまでの道のりをＶＲゴーグルで体験できるコーナーがあった。月面の環境をリアルに再現していると聞いて、私も試してみることにした。まず目に飛び込んできたのは地球の映像だ。地球も忠実に再現されていることを横にいる案内係のスタッフの方が教えてくださった。青い地球を眺めていると、宇宙遊泳をしているかのような気分を味わえた。それも束の間、ＳＬＩＭはロケットから切り離されて、地球からどんどん遠ざかっていく。さっきまでつながっていたロケットも「私の仕事はここまで」「あとは一人で頑張れ」と言わんばかりにあっという間に見えなくなった。もう地球には帰れない。途中で壊れても誰にも助けてもらえないのだという不安と孤独感に襲われる。思わず「ＳＬＩＭって寂しいんですね」とＶＲゴーグルを着けたまま隣にいたスタッフに声をかけた。返ってきたのは「そうですね（笑）」という空虚な相槌だけ。仕方ない。スタッフは次の場面の説明に必死だった。一人ぼっちの旅の寂しさがあまり伝わらず、一層大きな寂しさの波が押し寄せてきて、飲み込まれそうになった。

この感覚は身に覚えがある。長編の原稿を書くときはこんな気分になる。編集者は「楽しみにしています」と言ってくれるし、まわりの友人たちもみんな応援してくれるけれど、実際に原稿を書くのは私ひとりだけ。部屋に閉じこもり、原稿を書き始めると、ロケットから切り離された人工衛星みたいに広い言葉の宇宙を漂う。しっくりとくる一言を探してはつなぎ合わせて、数万字の読み物を編んでいく。アポロ時代に月に行った宇宙飛行士もはやぶさもボイジャー１・２号も、こんな気持ちで地球から旅立って行ったのだろうか。あるいはもっと寂しい思いをしたのかもしれない。私の場合は１カ月半もあれば書き終わるけれど、数年がかりのミッションをこなす探査機たちの孤独は計り知れない。

果てしなく広がる宇宙での孤独を綴った詩があったような気がする。断片的に覚えていたフレーズを手がかりに検索してわかった。『二十億光年の孤独』だ。広がり続ける宇宙に浮かぶ小さな地球で不安や孤独を感じる人の心を詠んでいる。現在は地球から100億光年のかなたにあるブラックホールも観測できるが、詩集が刊行された1952年頃は20億光年という数字は宇宙の果てを表すのに十分な数字だったのだろう。

この詩と出会ったのは中学校の頃だった。詩をもとにした合唱曲があり、ほかのクラスが歌っていたのを聴いた。この曲には不思議なフレーズが登場する。「ネリリし　キルルし　ハララしているか」学校で「不思議な詩だ」と噂になっていたが、よく読んでみると火星人の生活を「火星語」で表現しているのだとわかった。人類が眠る、起きる、働くように、地球よりも少し重力が小さな火星で暮らす、頭は大きくて足はひょろ長い火星人も彼らなりの方法で生活している。わずか数文字の歌詞が想像をかき立てた。

ＳＬＩＭの月面着陸のブリーフィングが始まるのを待ちながら、およそ15年ぶりに『二十億光年の孤独』を読んだ。壮大な宇宙を謳う詩の最後は「二十億光年の孤独に／僕は思わずくしゃみをした」と締め括られている。ふむ。くしゃみか。どうして僕はくしゃみをしたのだろう。まさか花粉症だったわけではないはず。正解は作者にしかわからないけれど、人類と同じように火星人たちも、同じように地球人に思いを馳せて噂話をしていたらいいのにと思う。そうだとすれば、僕はひとりぼっちではないし、大勢の報道陣とファンに見守られるＳＬＩＭも心配するほどは寂しくはないのかもしれない。

私がくだらないことを考えている間も、ＳＬＩＭは着々と月面着陸に向けて体勢を整えていた。取材会場の大画面には、月面へと降下するＳＬＩＭの位置情報や姿勢を表す数値やグラフ（テレメトリ）をまとめた「特殊ＱＬ画面」が表示された。管制室にいるＪＡＸＡのＳＬＩＭプロジェクトチームもほとんど同じ画面を見ながらＳＬＩＭの運用にあたっているという。画面に表示されたＳＬＩＭのアイコンはどんどん月面に近づいていく。ＪＡＸＡのYouTubeチャンネルで特殊ＱＬ画面とその解説がライブ配信され、約30万人が見守っていた。

０時20分、特殊ＱＬ画面のモードが切り替わり、画面上ではＳＬＩＭは月面に降り立った。しかしＳＬＩＭの着陸が本当に成功したのかどうか、確認には時間がかかった。ＪＡＸＡ職員は浮かない表情をしている。上手くいっていてほしい。ざわつく取材会場。ドキドキしながら結果を待つ。予定稿を書くといつも上手くいかない気がする。やっぱり予定稿を書いたのが良くなかったんじゃないか。私もすっかりジンクスマンだ。

記者会見が始まったのは、午前2時すぎだった。ＳＬＩＭの月面着陸は確認された。ただし、太陽電池による発電はできず、搭載されているバッテリで運用することになった。バッテリの電力は有限だ。どのくらいの時間使えるのだろうか。手を挙げて恐る恐る質問してみると、ＳＬＩＭに残された時間はわずか数時間だと回答があった。バッテリが尽きる前に月面からのデータ取得を優先して実施することになった。余談だが、この原稿を書くために、YouTubeに上がっている記者会見のライブ配信のアーカイブ映像を見返してみると、コメント欄には私の質問に対して「ナイス質問！」「それが聞きたかった」といった声が寄せられていて少し嬉しくなった。

地上では太陽は毎日東から昇り、西に沈んでいくように、月面では30日の周期で太陽からの光の当たり方が変わる。もしＳＬＩＭの太陽電池が壊れているのではなく、想定とは異なる姿勢で着陸して太陽電池に日が当たっていないだけなら、太陽の向きが変わるのを待ち、そのタイミングでＳＬＩＭにコマンド（指令）を送れば、ＳＬＩＭを復活させられ

記者会見の会場で展示されていた小型月着陸実証機「SLIM」の模型。

る可能性もある。

太陽発電はできていないとはいえ、ＳＬＩＭは月面着陸に成功した。世界で５カ国目の偉業を成し遂げたのである。それなのに、壇上に立つＪＡＸＡの関係者は相変わらず渋い表情を浮かべていた。

インドが２０２３年夏に探査機「チャンドラヤーン３号」の月面着陸を成功させたときは、手を叩いて大喜びする人々の映像が報道されていた。一方、ＳＬＩＭは謝罪会見とまではいかないけれど、なぜかどんよりとしたムードに包まれている。月面着陸には成功したはずなのに、これではこちらも「おめでとうございます」と声をかけていいのか、喜んでいいのかどうかわからない……。会場にいた誰もがそう思っていただろう。ここでベテランの記者が切り込んだ。

「もうちょっと喜んでもいいと思うんですけれども。皆さんの表情が堅いのはなぜですか？」

ナイス質問！　私もそれが聞きたかった。質問に対して、副所長の藤本正樹さんはこう答えた。

「ＳＬＩＭに何が起きているのかを早く知りたくてしょうがないんです」

早く状況を把握して、次に進みたい。登壇者や現場にいる研究者・科学者がＳＬＩＭプロジェクトにかける熱い思いが垣間見えるやりとりだった。

ＳＬＩＭの記者会見の後も、登壇者を囲んで行うぶら下がり取材が白熱し、午前４時を回っても続いていた。私は４時半に切り上げ、予約していた近くのビジネスホテルへ向かった。

ＳＬＩＭの月面着陸から４日目の１月25日、ＳＬＩＭに相乗りして月面に向かった小型ロボット「SORA-Q」が月面にいるＳＬＩＭを撮影した写真が公開された。ＳＬＩＭはメインエンジンが上向きになり、逆立ちしたような姿勢をしている。だから太陽電池が動かなかったのだと納得すると同時に、本当にＳＬＩＭが月面にいるのだという実感が湧いてきた。地上からは望遠鏡を使っても月にいるＳＬＩＭを見るのは難しい。それでもこの日は月を見ると、特別な感じがした。

さらに28日には、ＳＬＩＭの太陽電池に日が当たり、ＳＬＩＭは目を覚まして活動を再開。月面の岩石の観測を行った。日が当たらなくなると、ＳＬＩＭは再び休眠モードに入る。マイナス１７０℃にも達する月面の夜を耐えられるようには設計されていなかったが、ＳＬＩＭは奇跡的に３回も越夜して、多くの観測データを地上に届けてくれた。なお、ＳＬＩＭが観測した岩石は区別しやすいように「トイプードル」「しばいぬ」「あきたいぬ」といった犬種の名前が付けられた。ＳＬＩＭの周囲は随分とにぎやかだ。

ＳＬＩＭの月面着陸成功と復活のニュースは、上手くいかないことが続き、暗くて先が見えなかった日本の宇宙業界を朝日のように照らして、景気付けてくれた。私のところにも、メディアから次から次へと記事の執筆の相談が入ってきた。取材帰りに家の郵便受けを開けると、記事を寄稿した雑誌の見本誌や出版社から支払い通知、仕事関連の書類でいっぱいだ。それを抱えて部屋に戻る途中、私は思わずくしゃみをした。鼻がムズムズする。花粉症になってしまったのかもしれない。あとで薬局に薬を買いに行こう。そう考えながらも、どこかで私の記事を読んだ人が噂話をしてくれていたのだとしたらいいなとも思った。これまで書いた記事と取材を通じて出会った多くの人びとに思いを巡らせた。

種子島のコンテナ宿

Ｈ３ロケット試験機１号機の打ち上げが失敗した原因究明の結果、第２段エンジンが着火しなかったのは、電気系統で想定を超える大きな電流が発生し、電源の供給が遮断されたためだとわかった。ＪＡＸＡは異常な電流が流れた原因を３つのシナリオに絞り込み、その全てに対策を打った。こうして、Ｈ３ロケット試験機２号機の打ち上げ日は２０２４年２月17日に設定された。

１号機の打ち上げのときは現地取材を即決できたけれど、今回は悩んだ。種子島から船で40分ほどの場所にある馬毛島で航空自衛隊の基地の建設工事が行われていて、工事業者や関係者が種子島に滞在しているため、ホテルも民泊もどこも満室。基地建設バブルが起きている。ロケットの打ち上げがあるときは、ＪＡＸＡ職員をはじめとする関係者や報道関係者、ロケットファンたちも集まるので、宿の確保は絶望的に難しい。実際、1号機の打ち上げ日程が発表されたときも、旅行予約サイトに掲載されている種子島の宿は全部埋まっていた。ダメ元で民泊サービス「Airbnb」で種子島の宿を検索してみると、種子島宇宙センターからは少し離れた西之表市の宿が1部屋だけ見つかり、そこに泊まることができた。

宿探しに丸々2日もかかってしまい、その間はほかの原稿の執筆がストップしてしまう。それにロケットが打ち上がるまでは東京での取材は受けられなくなるため、仕事が減って収入も減ってしまう。フリーランスの私にとっては、かなりの痛手だ。種子島に取材に行くには覚悟が必要なのである。

1号機のときは種子島に行くのが初めてだったから、種子島宇宙センターや島の様子を知りたい気持ちもあって、現地での取材を決めた。今回はどうしよう。打ち上げの様子はYouTubeで配信されるし、記者会見もオンラインで参加できる。わざわざ現地に行かなくてもニュース記事の原稿は書ける。それに、宿が確保できる気がしない。現地に行かないほうがむしろ落ち着いて原稿が書けそう。最初はオンラインでの取材に気持ちが傾いていた。

けれど、打ち上げが成功したときに流れる空気感とか、島の盛り上がりまでは現地に行かないとわからない。最近は、北海道大樹町のように民間企業や自治体がスペースポートを建設し、運用する取り組みが日本各地で広がっている。1号機のときはロケットの取材で手いっぱいで、島のことを見て回る余裕はあまりなかった。やっぱり歴史があり、多くのロケットと衛星を送り出してきた種子島宇宙センターと島のことを見て知っておくことができたら、今後のほかの地域のスペースポートの取材にも役立てられそうだ。それに2号機が成功したら、3号機以降の打ち上げは少しずつ注目度が落ち着いていって取材にかかる旅費も捻出できなくなってしまうだろう。今回のH3ロケットの現地取材を逃したら、当面チャンスは巡ってこない。そう考えているうちに気持ちが揺らいで、結局申し込み期限ギリギリに現地取材を決めた。

当然ながら、種子島中の宿は満室。Airbnbもダメ。前回の取材のときにもらったパンフレットに載っていたホテルと宿に1軒ずつ電話をかけて確認してもやっぱりダメ。取材当日は集合時間が朝早いので、当日に鹿児島から移動するのも間に合いそうにない。

　こうなったら、もうキャンプができる公園にテントを張って野営するしかない。記者会見の会場でよくお会いするベテランのフリーランスの宇宙ライター・大塚　実さんのことが思い浮かんだ。大塚さんの記事は細かいところまで深く解説されていてわかりやすい。記者会見に行けなかったときは、いつも最初に大塚さんの記事を読んで内容をキャッチアップしている。大塚さんはとにかくパワフルな人だ。種子島での取材のときにたまに野営している。大塚さんに連絡して、キャンプ用品を揃えるのにおすすめのスポーツ用品店を紹介してもらった。大塚さんは「種子島の2月は春のようなものですよ」と言う。それなら大丈夫そう。寒さならキーウで慣れているし……。安心していたけれど、1号機の取材で２０２３年2月に種子島に行ったときの写真を見返してみると、私はまだコートを着て、マフラーも着けていた。夜は寒くて、宿の共有スペースの薪ストーブの近くでずっと作業していた。それに対して大塚さんは冬でも半袖を着ている。1月に開催された記者会見の質疑応答で大塚さんが挙手し、司会が「そこの半袖の方」と指名すると、「こんな真冬に半袖の人がいるのか?」と会場がざわついたというエピソードがある。やっぱり私には野営は無理かも。このまま宿の空きが出なかったら諦めるしかないな。

　そう思っていたとき、大塚さんからチャットがきた。なんと、大塚さんが前回の種子島取材のときに泊まっていた宿のオーナーが、急遽2部屋増築することとしたそうだ。それで、一緒にその宿にお世話にならないかと声をかけてくださった。よかった、これでまた種子島に取材に行ける！　大塚さんにお願いして私の分も予約を取っていただいた。打ち上げの2週間前のことだった。こうして私はH3ロケット試験機2号機も種子島で取材できることになった。

宿は快適だった。部屋には作業ができる机と椅子、ベッドとふかふかの毛布とあったかい布団、エアコン、冷蔵庫、電子レンジが揃っていた。とても2週間で用意した部屋とは思えなかった。オーナーの奥さんは敷地内で食堂を営んでいる。せっかくなので、朝と夜は奥さんに食事を用意していただくことにした。ある日の晩ご飯のおかずはハンバーグとシチューとお刺身とほたるいかの煮付けだった。なんて豪華なメニューなんだ。部屋に戻ってからも奥さんはみかんやバナナの差し入れを持ってきてくださった。横浜に帰る頃には太ってしまいそうで心配になるくらい、宿にいる間はとにかくずっと食べていたと思う。

宿には私と大塚さんのほかにも報道関係者が泊まっていた。悪天候でロケットの打ち上げが延期になってしまったときは、同業の皆さんに種子島観光のドライブに連れていって

宿の奥さんが作ってくださったある日の晩ご飯。

いただいた。島のあちらこちらを見て回るのも仕事のうちだ。特によかったのは、東海岸にある、太平洋の荒波が作った巨大な岩窟「千座の岩屋」だ。干潮の時間は洞窟の奥まで入ることができる。暗い入り口から屈んで入り、進んでいくと、だんだん波の音が聞こえてくる。さらに先に進むと洞窟の終わりから光が差し込んできて、海と空が見えてきた。暗い洞窟から見る景色は幻想的だ。もしかしたら、月面のクレーターの底から見る星空も、こんなふうに綺麗なのかもしれない。そんなことを考えながら、洞窟のなかを歩いて回った。

種子島で過ごしていると、島の住民の

皆さんの温かさを感じる。宿の近くを同業の皆さんと散歩していると、トラクターが止まった。すると、運転していたおじいさんが「さっきみかんを買ったから」と一袋お裾分けしてくださった。種子島や隣の屋久島は「タンカン」という種類のみかんの名産地だ。全く面識のない通りすがりの私たちのために、わざわざトラクターを止めてまでみかんを分けてくださるなんて、東京ではありえない。驚いてしまったけれど、おじいさんと話しているとその理由がわかった。私たちはロケットの打ち上げのために東京から来ているというと、種子島宇宙センターのことを楽しそうに話してくださった。「お詳しいですね」というと、おじいさんは「そりゃ、地元の宇宙センターのことだからね」と誇らしそうに笑った。

種子島に住んでいれば、ロケットの打ち上げの前後は道路の交通規制があるし、きっと不便なこともたくさんあると思う。種子島宇宙センターでロケットの打ち上げが始まろうとしていた頃は、ロケットから落ちる破片で漁業に影響が出るのではないか、ロケットの発射場があると戦争になったときに真っ先に狙われてしまうのではないかといった反対の声もあったと資料で読んだことがある。今では宇宙センターとロケットは島の人たちに大切にされていて、打ち上げを見に来た私たちまで手厚く歓迎していただけるのは、これまでのロケットの打ち上げの実績と双方の歩み寄りがあったからこそなのだろう。

夜明け前が一番暗い

打ち上げ日は当初の予定から数日延期されたが、種子島を観光して巡ったり、溜まっていた原稿を宿で書いたりしているうちにH3ロケット試験機2号機の打ち上げの日がやって来た。

当初、H3ロケット試験機2号機には衛星「だいち4号」が搭載される予定だった。しかし、1号機の失敗でだいち3号が喪失したことを踏まえて、ロケットの性能を確認するダミーなどが搭載されることとなった。

打ち上げの直前は種子島宇宙センターと射点を中心とした半径3キロメートル以内は、安全のために立ち入り禁止となり、交通規制が敷かれる。宇宙センターから打ち上げを取材するためには、交通規制が敷かれる前に宇宙センターに行かなければならない。この日

打ち上げ前日、ロケットを組み立て棟から射点へと移動させる「機体移動」の様子。

の打ち上げは午前9時台に予定されていたけれど、午前4時に起きて、宇宙ライターの先輩のクルマに同乗させてもらい、種子島宇宙センターにやって来た。偶然にも1号機の打ち上げの取材に来た日と同じ2月17日だった。

報道関係者は宇宙センター内にある竹崎展望台に集まることになっている。屋内にはプレスセンターや記者会見室があり、打ち上げは屋上から見ることができる。

5時前に屋上にやって来ると、辺りはまだ真っ暗。3・6キロメートル先にあるH3ロケットと発射台だけが白いライトで照らされて、暗闇に浮かび上がるように見えた。Ｈ３ロケットの開発プロジェクトマネージャーの岡田匡史さんは、２０２３年2月17日に1号機の打ち上げが直前で中止になったあと、３月３日の状況を報告する記者会見で、原因を探っていたときの心境をイギリスのことわざ「夜明けの前の暗闇は深い(Darkest Before Dawn)」にたとえて話した。これはものごとが良い方向に動き始める直前が一番辛く思えるという意味。岡田さんは、打ち上げが中止となった原因のしっぽがなかなか掴めなかったときは、暗闇のなかにいるような心境だったという。その後、1号機の打ち上げは失敗して、暗雲が垂れ込め、暗闇はさらに深くなった。

白いライトに照らされるＨ３ロケットも写真に収めておこうと思ったけれど、ブレてしまい、なかなか上手く撮れない。カメラの設定を変えてみたり、一度プレスセンターに戻って温かい飲み物を飲んだり、もう一度屋上に戻って写真を撮ったりしていると、いつの間にか空が明るくなりはじめていた。今度こそ夜明けを迎えられますように。雲の隙間から見える朝日が昇るのを祈るような気持ちで眺めた。

最終GO/NOGO判断の結果はＧＯ。打ち上げの予定時刻が近づき、カウントダウンが宇宙センターに響き始めた。上手く行ってほしい。万が一失敗してしまったら、日本の宇宙開発はどうなってしまうのだろう。心臓がバクバクした。

「２１０、２０９、２０８、２０７……」

カウントダウンのアナウンスと展望台の右手に広がる海からの波の音だけが聞こえる。

「66、65、64……打ち上げ1分前です」

ここからは秒読みではなく、工程を日本語と英語で交互に次々と読み上げるアナウンスになる。それまではゆったりと流れていた時間が、一気に進んでいくような気がする。ロケットの打ち上げを見るのは5回目になるけれど、これまでにないほど緊張した。

「フライトモードオン。火工品トーチ点火。全システム打ち上げ発射完了。メインエンジンスタート！」

いよいよだ。ロケットから白い煙が噴き出し始めた。

「SBR点火！　リフトオフ！」

さっき見た朝日と同じくらい眩しい炎が噴き出し、機体があっという間に空に昇っていく。

「H3ロケット試験機2号機は、2024年2月17日午前9時22分55秒に種子島宇宙センターから打ち上げられ……」

アナウンスをかき消すくらいの轟音とロケットが飛び立っていく振動が身体中に伝わってきた。まるで、それまでの心臓のバクバクが上書きされるみたいだった。今度こそ上手くいきますように。ロケットが駆け抜けていった跡に、白い雲の道ができていく。見えなくなるまで、カメラでロケットを追いかけた。

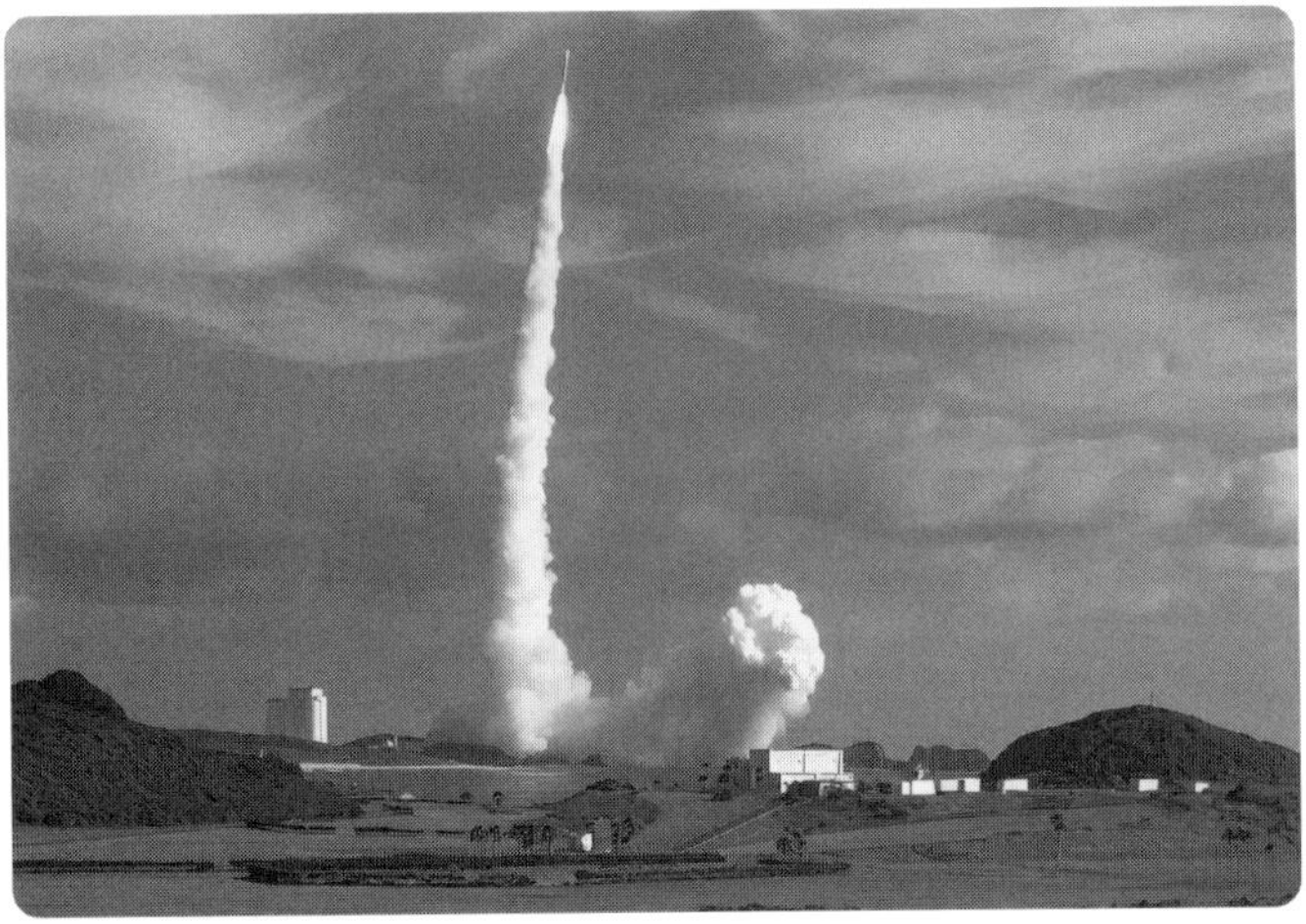

H3ロケット試験機2号機の打ち上げの瞬間。

打ち上げの結果は成功だった。1号機ではできなかった衛星の軌道投入を達成したのだ。プレスセンターでは、JAXAや三菱重工の広報担当者たちが涙を流しながら喜んでいた。

記者会見では岡田さんが「本当にお待たせしました。ようやくH3が『オギャー』と産声を上げることができました」と話した。記者会見の後にはグループ取材の時間があり、岡田さんは衛星を狙い通りの軌道に届けられたとほほえんだ。岡田さんはこういう表情をする人だったんだ。振り返ってみれば、私が宇宙ライターとしてH3ロケットの取材を始めてからは、開発の遅延とか、打ち上げの失敗とか、暗い話題の記者会見ばかりが続いていた。岡田さんが嬉しそうな顔をしているのを見たのは、この日が初めてだった。

帰り道は島のいたるところに「Ｈ３祝成功」の幟が立っているのが見えた。種子島中がお祝いムードに包まれている。

Ｈ３ロケット試験機２号機の打ち上げまでの経緯や打ち上げの様子、今後打ち上げられる予定の衛星をまとめた雑誌の記事は多くの反響があったようで、科学館でパネルとして展示されることになったと後で出版社から聞いた。種子島で取材した甲斐があったと思える出来事だった。Ｈ３ロケットで宇宙に飛び立つ予定の衛星や探査機、補給船が順番を待っている。これからの日本の宇宙開発を支えるＨ３ロケットの誕生の瞬間に立ち会えたこと、それを記事にできたことは私の自慢のひとつだ。

ロケットを撮る

取材を終えて宿に戻ると、奥さんがおにぎりとエビフライと唐揚げを作って待っていてくれた。同じ宿に泊まっているライターが揃うのを待っていると、奥さんはスマホで撮ったロケットの写真を見せてくれた。どこまでも続く高い空をロケット雲が切り裂いている。重力に逆らって飛び立って行くロケットはいい意味での違和感があった。自然に生まれたものではなく、人類が作り出したものだと感じられる。負けたと思った。

超望遠レンズで撮った私の写真は、空を飛ぶロケットの細部もきちんと写っている。奥さんの写真は解像度が低いし、離れた場所から撮っているのでロケットの細部までは写っていない。それでもダイナミックさを捉えていて「ザ・ロケット！」という感じがする。スマホの写真に負けるなんて悔しい。やっぱり種子島の人びとはロケットのことをよく知っているのだろう。

初めてロケットの打ち上げを取材したのは2021年7月だった。「そろそろ打ち上げ

宿の奥さんがスマホで撮った、H3ロケット試験機2号機の打ち上げの写真。

の時間かな？」と思っていたら、ロケットはあっという間に宇宙に昇って行ってしまい、恥ずかしながらあとに残ったロケット雲しか撮れなかった。私はライターだから原稿を書くこと、文字で伝えることが優先だし、写真は後で提供してもらえるオフィシャル素材を使ってもいい。でも、せっかくなら写真も「いい感じ」に撮れるようになりたいと思うようになった。ロケット撮影用の超望遠レンズを買い、場数も踏んだ。写真にロケットは写るようになったけれど、あとで見返してみると写真からは心臓のバクバクを上書きするようなあのダイナミックさは伝わってこないのだ。「いい感じ」ってどんな感じなのか、そのイメージがようやく掴めたような気がした。奥さんの写真を参考にして、次はもっと違う構図を試してみよう。もしくは違う場所から撮影してみるのもいいかもしれない。

次の目標ができたからにはなるべ

く早く種子島に戻って来よう。翌朝、高速船で鹿児島に戻る前に、島への感謝と「これからもよろしくお願いします」という気持ちを込めて、売店で種子島産のきび糖を使ったお菓子やタンカンの紅茶をリュックに入りきれないほどたくさん買い、それ抱えて高速船に乗った。

〈おわりに〉

この本のほとんどをカフェで書いた。商業施設のなかにある本屋さんに併設されたカフェや本屋さんのすぐそばにあるカフェを日替わりで訪れた。書店に並ぶ本やそれを手に取る人たちを横目に、私の本も早く完成させて読んでもらいたいなあと思いながら筆を走らせた。書き始めたばかりの頃は、暑くてクリームソーダを頼んでいたけれど、だんだん寒くなってきてあったかい紅茶かホットジンジャーを飲みながら書いた。

30歳の誕生日もこの本を書きながら迎えた。もういい歳なのに、このまま会社で働かずにいていいのかとか、ウクライナからの避難を手伝った友人たちが受け取っている生活支援金の給付の終了が迫っているのだから、身元保証人の私はもっと社会的な信頼がある仕事に転職するべきじゃないかとか、悩みは尽きない。宇宙に携わりながら、技術を生かしてウクライナの支援にも貢献できるような仕事がもし見つかったらと気持ちが揺らいでしまうこともある。

それでも、やっぱり宇宙飛行士がもう一度月面に戻るときは、フロリダのケネディ宇宙センターまで行って取材がしたい。この本を書きながらそう思った。日本人の宇宙飛行士が月面に降り立ったら、アポロ計画のときに多くの人がテレビに釘付けになったように盛り上がるのだろうか。社会で何か変化が起きるのか。取材してみたいテーマがたくさんある。

ライターの仕事を続けるにしても、報道記事の執筆を究めてジャーナリストの道に進むのか、はたまた話し手の知識や経験を引き出してわかりやすくまとめるインタビューライターのプロを目指すのか、色々な進路がある。エッセイを書くのも続けたいし、たまに展示の企画やゲームの監修の仕事をしているとSF小説を書いてみるとか、もっと違うジャンルの文章を書いてみるのも楽しそう。あわよくば取材で宇宙に行ってみたいとも思っている。あと20年もすればきっと宇宙飛行の価格は下がり、飛行体験記を書く仕事が舞い込んできそうな気がしている。これまでも自分が書いた記事が種子島にも、フロリダにも行く道を開いてくれたのだから、宇宙にも連れて行ってくれそうだ。

この本を書きながら、たくさんの方々——取材に協力してくださる宇宙関係者、広報の担当者、親切にしてくださる同業の先輩方、メディアの編集者、いつも記事を読んで応援してくださる皆さんに支えられながら仕事ができていることを改めて実感した。企画の相談をしてから、本の完成まで一緒に走って来てくださった小学館の石﨑さんに感謝を伝えたい。たくさんの出会いを抱きしめながら、これからも宇宙を編んでいこうと思う。

〈文中で紹介した記事〉

1章

・Business Insider Japan「ホリエモンも熱視線。「牛糞ロケット」は北海道・大樹町を〝宇宙のまち〟にするか」https://www.businessinsider.jp/post-243099

・井上榛香著　日下部展彦監修『探そう！　宇宙生命体：地球以外にも生き物はいる!?』誠文堂新光社

2章

・河出書房新社編『from under 30 世界を平和にする第一歩』

・宇宙ビジネスメディア宙畑「若田宇宙飛行士が5回目の宇宙へ。記者会見で語られた米露・座席交換の意義【宇宙ビジネスニュース】」https://sorabatake.jp/28054/

3章

・Business Insider Japan「気球で「ほぼ宇宙旅行」。日本企業が実機公開。北海道発、

２０２３年末以降のフライト目指す」https://www.businessinsider.jp/post-265961

・宇宙ビジネスメディア宙畑「ＪＡＸＡが宇宙飛行士選抜の会場を公開。「あたかも月面に降りたような体験」を英語でプレゼン、表現力を評価【宇宙ビジネスニュース】」https://sorabatake.jp/30453/

・Business Insider Japan「鳥取経由、宇宙行き」日本一のスナバ・鳥取砂丘に月面を再現。県と大学の連携で宇宙産業を育成 https://www.businessinsider.jp/post-272461

・宇宙ビジネスメディア宙畑「Ｈ３ロケット2号機打ち上げ成功！国際競争力の確保に向け飛躍【宇宙ビジネスニュース】」https://sorabatake.jp/35577/

〈参考文献一覧〉

小郡市史編集委員会編『小郡市史第3巻　通史編　現代・民俗・地名』
小塚壮一郎・佐藤雅彦編著『宇宙ビジネスのための宇宙法入門』有斐閣
小野雅裕著『宇宙に命はあるのか　人類が旅した一千億分の八』ＳＢクリエイティブ
若田光一著『続ける力 人の価値は、努力の量によって決まる』講談社
「宇宙に関する意識調査２０２４」スカパーＪＳＡＴ調べ
「ＪＡＸＡ宇宙飛行士候補者選抜レポート2022-2023」 https://astro-mission.jaxa.jp/astro_selection/report/
「月レゴリスによるアレルギー増悪効果の可能性」堀江祐範ほか

Special Thanks

オジロマコト先生＆古林知季さん

宇宙飛行士・東大特任教授　野口聡一さん

宗藤わか奈さん

田中康平さん

宇宙ライターの先輩方

リタさん

菅谷智洋さん

松本祐樹さん

AKINO OKUBOさん

宇宙を編む

２０２５年2月5日　初版一刷発行

著　者　井上榛香
発行人　宮澤明洋
発行所　株式会社小学館
〒101-8001　東京都千代田区一ツ橋2-3-1
電話　編集 03-3230-5933　販売 03-5281-3555

印　刷　TOPPAN株式会社
製　本　牧製本印刷株式会社

編　集　石﨑寛明
表紙イラスト　オジロマコト
デザイン　島 寿　(Beeworks)
DTP　株式会社昭和ブライト
販　売　坂野弘明
宣　伝　山崎俊一
制　作　尾崎弘樹　畑 大河

造本には十分注意しておりますが、印刷、製本など製造上の不備がございましたら「制作局コールセンター」(フリーダイヤル0120-336-340) にご連絡ください。
(電話受付は、土・日・祝休日を除く 9:30〜17:30)

本書の無断での複写 (コピー)、上演、放送等の二次利用、翻案等は、著作権法上の例外を除き禁じられています。

本書の電子データ化などの無断複製は著作権法上の例外を除き禁じられています。代行業者等の第三者による本書の電子的複製も認められておりません。

©SHOGAKUKAN 2025 Printed in Japan ISBN 978-4-09-389190-5